【现代养殖业实用技术系列】

# 小龙虾优质高效养殖技术

主　　编　宋光同
副 主 编　江　河　彭开松　姜守松
编写人员　蒋业林　王　芬　吴多生　徐笑娜
　　　　　李正荣　陈　祝　章晓红　侯冠军
　　　　　凌武海　季索菲　姜兵国　刘　兵
　　　　　李　智　周　翔　徐　彬　王佳佳

时代出版传媒股份有限公司
安徽科学技术出版社

**图书在版编目(CIP)数据**

小龙虾优质高效养殖技术 / 宋光同主编. --合肥:安徽科学技术出版社,2023.12

助力乡村振兴出版计划. 现代养殖业实用技术系列

ISBN 978-7-5337-8843-8

Ⅰ.①小… Ⅱ.①宋… Ⅲ.①龙虾科-淡水养殖 Ⅳ.①S966.12

中国国家版本馆 CIP 数据核字(2023)第 207846 号

**小龙虾优质高效养殖技术** 主编 宋光同

出 版 人:王筱文 选题策划:丁凌云 蒋贤骏 陶善勇 责任编辑:胡 铭

责任校对:沙 莹 责任印制:李伦洲 装帧设计:冯 劲

出版发行:安徽科学技术出版社 http://www.ahstp.net

(合肥市政务文化新区翡翠路 1118 号出版传媒广场,邮编:230071)

电话:(0551)63533330

印 制:合肥华云印务有限责任公司 电话:(0551)63418899

(如发现印装质量问题,影响阅读,请与印刷厂商联系调换)

开本:720×1010 1/16 印张:9.5 字数:126 千

版次:2023 年 12 月第 1 版 印次:2023 年 12 月第 1 次印刷

ISBN 978-7-5337-8843-8 定价:43.00 元

【现代养殖业实用技术系列】

(本系列主要由安徽省农业科学院组织编写)

# 出版说明

“助力乡村振兴出版计划”(以下简称“本计划”)以习近平新时代中国特色社会主义思想为指导，是在全国脱贫攻坚目标任务完成并向全面推进乡村振兴转进的重要历史时刻，由中共安徽省委宣传部主持实施的一项重点出版项目。

本计划以服务乡村振兴事业为出版定位，围绕乡村产业振兴、人才振兴、文化振兴、生态振兴和组织振兴展开，由《现代种植业实用技术》《现代养殖业实用技术》《新型农民职业技能提升》《现代农业科技与管理》《现代乡村社会治理》五个子系列组成，主要内容涵盖特色养殖业和疾病防控技术、特色种植业及病虫害绿色防控技术、集体经济发展、休闲农业和乡村旅游融合发展、新型农业经营主体培育、农村环境生态化治理、农村基层党建等。选题组织力求满足乡村振兴实务需求，编写内容努力做到通俗易懂。

本计划的呈现形式是以图书为主的融媒体出版物。图书的主要读者对象是新型农民、县乡村基层干部、“三农”工作者。为扩大传播面、提高传播效率，与图书出版同步，配套制作了部分精品音视频，在每册图书封底放置二维码，供扫码使用，以适应广大农民朋友的移动阅读需求。

本计划的编写和出版，代表了当前农业科研成果转化和普及的新进展，凝聚了乡村社会治理研究者和实务者的集体智慧，在此谨向有关单位和个人致以衷心的感谢！

虽然我们始终秉持高水平策划、高质量编写的精品出版理念，但因水平所限仍会有诸多不足和错漏之处，敬请广大读者提出宝贵意见和建议，以便修订再版时改正。

# 本册编写说明

小龙虾肉质细嫩,味道鲜美,营养价值极高,倍受消费者的青睐,加上野生的小龙虾资源日益减少,市场价格不断攀升,因此人工养殖的前景非常广阔。目前,小龙虾已经成为近年来热门的淡水养殖特色品种之一，许多省市都把小龙虾养殖作为农民致富增收的重要手段而加以推广。

小龙虾养殖不但需要在技术上不断革新和发展,而且需要有更多的养殖模式和新技术提高生产效益,从而提高农民的收入,并给市场提供更多的符合食品安全要求的优质小龙虾，这不仅是政府和行业发展的期望,也是我们科研人员的责任。

本书立足于提升小龙虾养殖的生产效率,开展多元化高效养殖模式,加强疾病防控,强化产品质量,降低生产成本,提高土地综合利用率，灵活调整产业结构，引导小龙虾产业健康有序高效地发展,顺应当下小龙虾养殖发展的特点,着重对小龙虾苗种繁育、稻田综合种养、池塘综合养殖和藕田、茭白田连作技术,以及小龙虾的疾病防治等内容进行了深入的介绍。

# 目 录


第一章 小龙虾概述 …… 1

第一节 小龙虾产地、特点与养殖发展历程 …… 1

第二节 小龙虾形态特征 …… 4

第三节 小龙虾生物学特性 …… 7

第二章 小龙虾苗种繁育技术 …… 17

第一节 苗种繁育场选址与设施配置 …… 18

第二节 亲虾的选择与运输 …… 19

第三节 小龙虾苗种繁育主要模式 …… 22

第三章 稻田小龙虾综合种养技术 …… 55

第一节 稻虾连作技术 …… 55

第二节 平田小龙虾养殖技术 …… 63

第三节 稻田小龙虾繁养分离技术 …… 68

第四节 稻虾鱼种养技术 …… 74

第五节 稻虾鳖绿色共生技术 …… 78

第六节 稻虾蟹种养技术 …… 85

第七节 稻田小龙虾、罗氏沼虾连作技术 …… 92

第八节 稻田小龙虾、红螯螯虾连作技术 …… 96

第九节 稻虾鸭种养技术 …… 100

第四章 池塘小龙虾健康养殖技术 …… 106

第一节 池塘小龙虾双季养殖技术 …… 106

第二节　池塘小龙虾、河蟹生态混养技术 …………………… 113
第三节　池塘小龙虾、青虾轮养技术 ………………………… 118

第五章　藕田、茭白田小龙虾种养技术 ………………… 124
第一节　藕虾共作技术 ……………………………………… 124
第二节　茭虾共作技术 ……………………………………… 127

第六章　小龙虾主要疾病及防治 ………………………… 133
第一节　小龙虾主要疾病及流行特点 ……………………… 133
第二节　小龙虾疾病预防技术 ……………………………… 136
第三节　小龙虾主要疾病防治技术 ………………………… 140

附录　小龙虾捕捞技术要点 ……………………………… 143

# 第一章　小龙虾概述

小龙虾，学名为克氏原螯虾，属于节肢动物门甲壳纲十足目爬行亚目螯虾科原螯虾属，俗称红色沼泽螯虾、淡水小龙虾、麻虾、海虾等，原产于美国南部和墨西哥北部。1929年由日本引入我国，经过近一个世纪的繁衍和迁徙，现广泛分布于我国除新疆、西藏之外的30多个省级行政区的江河、湖泊、沟渠、池塘和稻田中，主产区位于湖北、安徽、湖南、江苏、江西、上海等长江中下游地区。目前，小龙虾已经成为我国重要的淡水经济虾类之一，2022年总产量位居淡水水产养殖品种的第四位。

## 第一节　小龙虾产地、特点与养殖发展历程

### 一　小龙虾产地、特点

小龙虾适应性强、繁殖力强、食性广、天敌较少，在人为引种和携带等因素迁徙下，该物种在世界范围内得以快速扩散与繁衍，目前除大洋洲与南极洲外，小龙虾种群已广泛分布于全世界5大洲的30多个国家和地区，在北纬28°45′~33°25′区域容易形成优势种群。在美洲，小龙虾从路易斯安那州分别向大西洋东西海岸以及北方地区扩展蔓延。在欧洲，20世纪70年代初，小龙虾从路易斯安那州新奥尔良市被引入西班牙的伊比利亚半岛瓜达尔基维尔河，很快被引入葡萄牙、法国、意大利、奥地利、比利时、塞浦路斯、英国、德国、荷兰、瑞士等国。在非洲，20世纪60年代中期，小龙虾从美国的路易斯安那州被运往乌干达，很快被引入肯尼亚和埃及，

逐步在尼罗河及其多数支流中建立了优势天然种群，并陆续传播到非洲的其他国家，如南非、苏丹、赞比亚以及津巴布韦等。在亚洲，1918年，小龙虾从美国新奥尔良市被带入日本本州岛，1929年该物种从日本本州岛被带到我国南京与滁州交界处，并沿着长江流域与淮河流域逐步传播至我国的中南部地区，由于水产养殖与水族宠物贸易的传播，小龙虾被传入我国的香港和台湾地区，以及东南亚国家如菲律宾、越南、老挝等。目前小龙虾已成为世界性物种，在中国、欧美等地进行了人工养殖，并且逐步成为人们（尤其是欧美发达国家）喜爱的淡水虾类美食。

小龙虾肉质细腻、味道鲜美、营养丰富，富含钙质，蛋白质含量为16%~20%，脂肪含量仅为1.3%~1.5%，肌肉富含钙、磷、铁、锌、硒等微量元素，且坚硬外壳可以提取甲壳素、虾青素和甲壳糖胺等工业原料，被广泛应用于农业、食品、医药、烟草、造纸、印染、日化等领域。小龙虾能适应各种生态环境，如稻田、池塘、沟渠、河沟、浅型湖泊、水库等，尤其适宜在稻田浅水环境中生长。小龙虾生长速度快，刚孵化出膜的幼体，经过2~3个月的人工养殖，可以长成20克以上的上市规格。商品小龙虾可以直接进入超市、菜市场、饭店，进行鲜活销售，也可以加工成熟食、虾尾、虾仁等产品，采取快速冷冻储存待市销售。进入21世纪以来，通过节庆活动、品牌宣传、龙虾菜品推陈出新及线上销售等营销方式，小龙虾市场消费规模不断扩大，从原来的江浙沪逐渐扩展到全国各大中小型城市，并被加工出口至欧美等国，成为时下销售较为火爆的水产品，是国内外夏季餐馆、家庭消费等必备的美味佳肴。小龙虾国内外市场需求潜力巨大，具有非常广阔的产业发展前景。

## 二 我国小龙虾养殖发展历程

1929年，小龙虾从日本本州岛被引入我国江苏南京和安徽滁州交界地域，并逐渐向周边省份扩散。其中，20世纪60年代前主要分布在南京周边（包括滁州）和上海吴淞口，60年代南京人把小龙虾带到苏北地区，1972

年被人为带入湖北，1985年进入江西，90年代被引入湖南、云南等省。1983年，中国科学院动物研究所戴爱云研究员首次提出将小龙虾作为一种水产资源加以开发利用；20世纪70—80年代，小龙虾因摄食秧苗、破坏堤坝，严重影响水稻产量和水利设施安全，很多地方农民将其视为外来入侵物种加以清除；从20世纪90年代开始，小龙虾养殖以出口贸易为主，国内有零星消费，并逐渐形成了一定的小龙虾销售市场，且市场需求量逐渐增大，此时国内少数前瞻性农民开始进行试探性养殖。发展至今，我国小龙虾养殖业经历了四个发展阶段。

第一阶段为零星发展期。1992年，安徽省长丰县下塘镇的农民开始利用稻田、荒地等进行小龙虾养殖，长丰县下塘镇也因此被誉为“中国龙虾之乡”。1999年，湖北省潜江市“中国虾稻连作第一人”刘主权开始在稻田中进行小龙虾人工养殖，此后，稻田小龙虾养殖在湖北省迅速扩展。目前，湖北省小龙虾产业占据全国龙虾产业的半壁江山。

第二阶段为盲目发展期。21世纪初，小龙虾营养价值和经济价值逐渐被人们广泛知晓。2005年以来，受市场价格上扬的利益驱使，引发大量社会资金流入小龙虾养殖产业，促进了小龙虾养殖规模的快速增长。尤其是湖北省利用广袤的江汉平原和丰富的水资源等优势，小龙虾养殖规模增长最快，很快养殖面积占据了全国半壁江山，但是由于缺乏技术指导和盲目投入，导致养殖失败情况普遍存在。

第三阶段为产业挫折期。2010年，南京“龙虾门事件”（即过多食用小龙虾引起肌肉横纹肌溶解事件）导致小龙虾市场价格短期内急剧下降。2011年，全国养殖面积有所萎缩，随后在国家相关部门和行业内专家的调研、讨论下，很快为小龙虾正名。2012年，消费者对小龙虾消费信心逐渐回归，小龙虾市场价格也逐步回升甚至超过原位，养殖规模又开始不断增大。

第四阶段为快速发展期。2015年以来，国家大力推动稻渔综合种养产业，小龙虾市场需求规模稳步扩大，加上我国丰富的稻田资源以及养殖技术的不断提升等，我国小龙虾产业再一次迅速扩张，这一时期以安徽、湖南、江西等省份发展最为迅速。

《中国小龙虾产业发展报告（2023）》数据显示：2022年，我国小龙虾养殖总规模为2 800万亩（1亩≈666.7平方米），产量达289.07万吨，总产值为4 580亿元，小龙虾养殖产量占全国淡水养殖总产量的8.79%，位列我国淡水养殖品种第4位（前3位分别是草鱼、鲢鱼、鳙鱼），稻田养殖规模和产量分别占全国小龙虾养殖总额的83.93%、83.00%。湖北、安徽、湖南、江苏、江西5个传统小龙虾养殖大省占据绝对主导地位，养殖产量达263.74万吨，占全国小龙虾养殖总产量的91.24%。2022年，小龙虾加工量约为121.68万吨，全国小龙虾规模以上加工企业近200家。2022年，我国小龙虾国际贸易回暖，全年小龙虾出口量为9 235.33吨，出口额达13 048.46万美元；小龙虾进口量为189.70吨，小龙虾进口额达400.33万美元。

## 第二节　小龙虾形态特征

### 一　外部形态

小龙虾的虾体可分为头胸部和腹部两部分，头胸部庞大，约占体长的一半，由头部（6节）和胸部（8节）愈合而成，分节不明显。头胸甲的背面具尖锐的额角，额角长约为头胸甲的1/3，基部两侧具一对复眼。头部的5对附肢分别为第一触角、第二触角、大颚、第一小颚和第二小颚；胸部附肢共8对，分别为第一至第三颚足和第一至第五步足各1对，前3对步足均呈钳状，其中第一步足粗壮发达，为螯足，后2对步足末端呈爪状。腹部7节，分节明显，具附肢6对，第一至第五腹节各具1对腹足，第七腹节为尾节，呈锥状，与尾肢共同组成尾扇，腹面正中有一纵裂为肛门。性成熟时雌虾与雄虾的第一、第二腹足差异明显。其中雄虾第一和第二腹足特化为白色钙化交接器，第二腹足内肢上具有一个三角形硬质的雄性附肢；雌虾的第一腹足退化、羽化，较短小。虾体外观略呈纺锤形，最大的个体体长为14~16厘米，体重为100~120克，同龄的雄虾体长略大于雌虾。性成熟后，雄虾的第一步足较雌虾长且粗壮。在不同的生长阶段，小龙虾的体色变化较大：幼体时期多数个体呈灰白色；长至幼虾时体色转为青灰色；随着生长时间的推移，或当饲料和生态条件发生变化时可转为青红色；性成熟后，体色加深变暗，呈红褐色或暗红色（图1–1、图1–2）。

图1–1　小龙虾腹部形态

图1–2　小龙虾背部形态

## 二 内部结构

小龙虾内部结构主要包括循环系统、消化系统、呼吸器官、感觉器官、排泄器官、神经系统和生殖系统7个部分。

### 1.循环系统

小龙虾的心脏位于头胸部背侧后缘围心窦中，有心孔3对（1对在背面，2对在侧面）。血液自心脏向身体前后经7条动脉流出，从心脏前端发出5条动脉，即眼动脉1条、触角动脉2条、肝动脉2条；从心脏后端向后发出1条腹上动脉、1条胸动脉，胸动脉穿过头部中央到达腹神经索，再向前分出胸下动脉和向后分出腹下动脉。小龙虾的血液无色，内含血蓝素。

### 2.消化系统

小龙虾的消化系统由前肠、中肠和后肠3部分组成。前肠与口、食管和胃相连，食管较短，胃呈囊状，分为贲门胃和幽门胃，贲门胃内壁有白色钙化的纽扣状突起，称为胃石；中肠很短，与前胃相接，肝胰腺位于中肠两侧，有肝管与中肠相通；后肠细长，位于腹部背面，其末端为球形的直肠，与肛门相连。

### 3.呼吸器官

小龙虾的鳃位于胸部两侧，呈羽状，白色，共有17对。足鳃6对，着生于第二颚足至第四步足基部两侧；关节鳃11对，着生于第二颚足、第三颚足至第四步足附肢与体壁关节膜上，其中第二颚足上有1对，其他附肢上各有2对。

### 4.感觉器管

小龙虾有一对有柄的复眼和一对平衡囊，平衡囊位于第一触角基节内，囊内有平衡石和刚毛，可感知身体的位置变化。此外，虾体上的刚毛、第一触角、第二触角和口器上的感觉毛具有触觉、嗅觉和味觉感知功能。

### 5.排泄器官

小龙虾的排泄器官是一对触角腺，又称为绿腺，位于第二触角基部，分为腺体部与呈薄膜状的膀胱两部分，膀胱通过排泄管开口于第二触角的基部。

### 6.神经系统

小龙虾的脑神经节位于食管上方，其神经分布至眼和两对触角，食管下神经分布至大颚、小颚和颚足。围食管神经1对，与脑神经节和食管下神经连接成环状。食管下神经节与腹神经索相连。

### 7.生殖系统

雌、雄虾的生殖腺均位于胸部背面，在心脏和胃之间，呈三叶状，前端分离成两叶，后端愈合为一叶。雄性精巢呈白色，位于围心窦腹面，输精管分为左右输精管，其中右输精管长而发达，开口于第五对步足基部内侧；左输精管退化，输精管末端膨大成3个精囊。雌虾有3个卵巢，性成熟时卵巢呈深褐色，发育初期呈白色透明状，后逐步发育成白色、黄色、咖啡色、褐色，卵巢位于头胸甲背面两侧，经两条输卵管开口于第三步足基部内侧，第四、第五步足基部之间的腹甲上有一个椭圆形凹陷，为雌虾的纳精囊（图1-3、图1-4）。

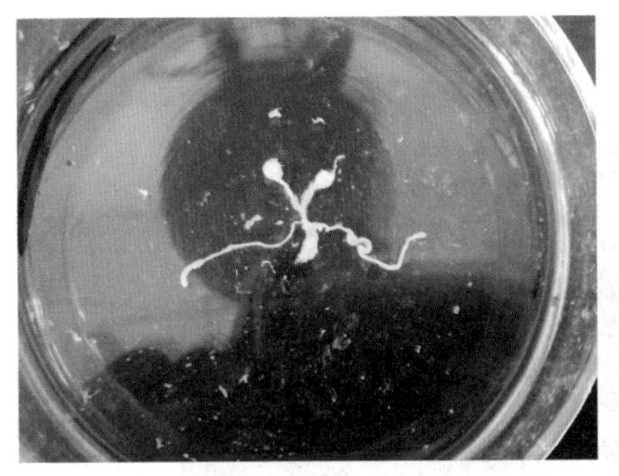

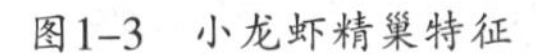

图1-3 小龙虾精巢特征

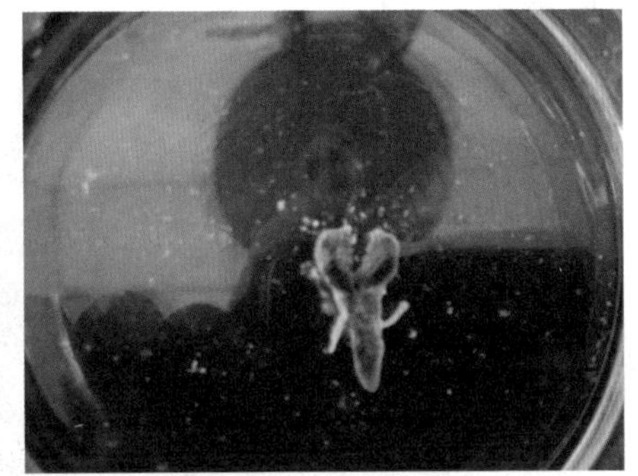

图1-4 小龙虾卵巢特征

## 第三节 小龙虾生物学特性

### 一 生态习性

小龙虾个体寿命仅为2年左右，幼虾阶段的体色为青灰色，性成熟或者生态环境恶化时，小龙虾的体色可逐渐变为红褐色。小龙虾喜阴怕光，常栖息于稻田、沟渠、池塘、湖泊、水库等水草或有机碎屑较丰富的浅水区域，营底栖生活。小龙虾不善游泳，移动时依靠第二至第五对步足缓慢爬行，遇到敌害或惊吓时，即以弹跳方式躲避。小龙虾喜欢栖息于稳定且相对静止的水体。小龙虾可生存水温为0~42℃，生长水温为10℃以上，适宜生长水温为15~30℃，最适宜生长水温为25~28℃；小龙虾生长适宜水体酸碱度（pH）为7.5~8.5，pH在9以上时会对小龙虾产生刺激和伤害，影响其生长。小龙虾对氨氮、亚硝酸盐具有较强的耐受力，若长期暴露于高氨氮和高亚硝酸盐的水体环境中，虽然不会立刻死亡，但是会导致小龙虾生长缓慢，遭受慢性毒性影响，导致免疫力下降；环境急剧变化时，会暴发疾病，引发大量死亡，比如五月瘟等疾病。当水温高于33℃或低于10℃时，小龙虾便会潜入洞内或深水区度夏越冬（图1–5）；但在气温低于4℃的冬季，仍会发现少量小龙虾在洞外进行觅食活动。

图1–5　小龙虾洞穴

小龙虾具有极强的耐干旱能力，在缺水季节，小龙虾进入洞穴，利用泥巴将洞穴封住进行保湿，依靠洞穴中的少量水分，可以在洞穴中生存长达6个月；但是在极其干旱季节，洞穴缺水严重时，也可导致洞穴中小龙虾干死；严寒冬季，水土上冻，会导致较浅洞穴里的小龙虾被冻死。

小龙虾耐低氧能力较强，实验结果表明，25℃条件下小龙虾幼虾的窒息点为（0.663 4±0.127 0）毫克/升，小龙虾成虾窒息点为（0.421 5±0.006 7）毫克/升，在水体溶解氧量低于1.5毫克/升时仍能正常生存；在水体溶解氧量低于1.0毫克/升时，小龙虾纷纷爬上岸呼吸空气中的氧气，或者爬至草头，呈侧卧状。小龙虾具有较强的攀爬和逃逸能力，尤其在繁殖季节、梅雨季节和夏季雷暴雨天气时，最容易攀爬逃逸。繁殖季节来临时，小龙虾会攀爬寻找适宜其穴居繁殖的地方；下暴雨时，水体闷热，小龙虾喜欢攀爬或逃逸；小龙虾对有机磷类、菊酯类等农药极其敏感，低浓度即可致其活力下降，高浓度可致其快速死亡。

小龙虾适应自然环境能力较强，在气温低于20℃时，保持湿润条件下离水一周仍能存活。在隔离封闭的小水体中，容易出现大量有机物堵塞虾鳃部造成小龙虾大量死亡现象。小龙虾性喜斗，幼虾体长在0.8厘米即有格斗行为，体长达2厘米后，在食物缺乏时会有同类相残现象。小龙虾易受水鸟、黑鱼、鲇鱼、草鱼、鲤鱼、蜻蜓幼虫等水生敌害攻击或捕食。

## 二 摄食习性

小龙虾属于杂食性动物，在不同生长阶段，小龙虾食性稍有差异。刚孵出的幼体以其自身卵黄为营养，进行自营养方式生活，幼体完成第一次蜕壳后就有能力滤食浮游生物；未脱离母体的Ⅱ期幼体主要滤食藻类、轮虫、腐殖质和有机碎屑等；脱离母体的Ⅲ期幼虾摄食枝角类、桡足类、有机碎屑等；体长1.5厘米以上的虾苗可捕食浮游动物、水蚯蚓、水生昆虫、底栖动物及人工饲料等；成虾能捕食甲壳类、软体动物、水生昆虫幼体，水生植物的根、茎、叶，水底淤泥表层的腐殖质及有机碎屑等。

在野生状态下，小龙虾主要摄食伊乐藻、轮叶黑藻、苦草、菹草等容易获得的水生植物。相关研究发现，水草对小龙虾生长有益，可能与补充维生素等营养需求有关，但是小龙虾会优先选择摄食昆虫成体或幼体、蚯蚓以及人工投喂的鱼肉、畜禽下脚料等动物性食物（图1–6）。实践表明，水草对小龙虾生长、生活作用很大，水草不但可以净化底质和水质，为小龙虾提供隐蔽物，而且是小龙虾重要的天然饲料之一；只有在水草丰盛的条件下，才能取得不错的小龙虾生长和养殖效果，因此丰盛的水草是小龙虾养殖成功的关键技术环节，在养殖过程中种好、养护好水草非常重要。小龙虾的摄食能力很强，且具有贪食、争食的习性，当饲料不足或

图1–6　小龙虾摄食行为

群体过大时，会有相互争斗甚至相互残杀的现象出现，尤其会出现硬壳虾残杀并吞食软壳虾的现象。小龙虾摄食行为多在傍晚或黎明。因此，在小龙虾主要生长季节，投足饲料和提供足够的隐蔽物是防止小龙虾自相残杀的重要措施。

小龙虾摄食方式是，用螯足捕获大型食物，撕碎后再送给第二、第三步足抱食，小型食物则直接用第二、第三步足抱住啃食；小龙虾猎取食物后，常常会迅速躲藏起来，或用螯足保护，以防其他动物来抢食。小龙虾胃中有白色纽扣形胃石，俗称“钙石”，在研磨食物和补充钙质方面具有重要作用。蜕壳期及软壳虾的胃中“胃石”最为完整，随着虾壳变硬、变红，“胃石”逐渐被消耗，变小变薄，直至最后消失（图1–7）。

小龙虾的摄食适宜温度为15~30℃，随着水温的升高其摄食行为会增多，当水温低于10℃或高于33℃时，摄食行为会明显减少；在水温降至4℃的冬季，仍能发现小龙虾摄食行为。冬季晴好天气，进行必要的肥水和适当饲料投喂，是提高小龙虾越冬成活率、出早苗、出早虾的关键技术措施。每年3—6月是小龙虾摄食旺盛期，进入7月份后，是高温季及小龙虾

图1–7　小龙虾胃石形状

性腺发育高峰期，小龙虾摄食量逐渐变小，直到完成幼体孵化，小龙虾亲本才会进行大量觅食生长。小龙虾摄食习性见表1–1至表1–3。

**表 1－1　淡水小龙虾的胃部食物组成**

| 食物名称 | 体长 4～7 厘米 | | 体长 7 厘米以上 | |
|---|---|---|---|---|
| | 出现率/% | 占食物团比重/% | 出现率/% | 占食物团比重/% |
| 菹草 | 52.2 | 34.4 | 55.1 | 27.0 |
| 金鱼草 | 45.3 | 15.5 | 46.1 | 17.1 |
| 广叶眼子菜 | 27.0 | 8.4 | 37.2 | 9.4 |
| 马来眼子菜 | 19.6 | 13.7 | 23.3 | 16.5 |
| 其他植物碎片 | 30.4 | 20.3 | 33.1 | 23.2 |
| 丝状藻类 | 40.1 | 5.7 | 43.4 | 4.1 |
| 硅藻类 | 55.3 | <1 | 43.5 | <1 |
| 昆虫及其幼虫 | 30.1 | <1 | 33.1 | <1 |
| 鱼苗类 | 14.5 | <1 | 15.2 | <1 |

**表 1－2　淡水小龙虾对各种食物的摄食率**

| 食物种类 | 名称 | 摄食率/% |
|---|---|---|
| 植物性饲料 | 眼子菜 | 3.2 |
| | 竹叶菜 | 2.6 |
| | 水花生 | 1.1 |
| | 苏丹草 | 0.7 |
| 动物性饲料 | 水蚯蚓 | 14.8 |
| | 鱼肉 | 4.9 |
| 人工饲料 | 配合饲料 | 2.8 |
| | 豆饼 | 1.2 |

**表 1－3　虾苗摄食不同种类水草的生长比较(水温 26～28℃)**

| 分组 | 植物种类 | 初始平均体重/克 | 14 天平均体重/克 | 平均生长率/% |
|---|---|---|---|---|
| 1 | 水花生 | 9.0±2.2 | 9.4±2.0 | 4.4 |
| 2 | 伊乐藻 | 8.4±2.5 | 9.0±2.4 | 7.1 |
| 3 | 青苔 | 7.1±1.2 | 7.7±1.6 | 6.7 |
| 4 | 金鱼藻 | 8.3±1.6 | 8.9±1.7 | 7.2 |

## 三 蜕壳与生长

蜕壳是所有甲壳动物生命活动中一个重要的生长习性，从孵化出的幼体开始，随着个体的发育、变态和生长，必须经过一次次蜕壳才能使身体不断长大或完成某一生命活动，如交配、产卵和繁殖后代等。小龙虾和其他甲壳类动物一样，每次蜕壳都伴随着个体的增长，从出生到性成熟需要蜕壳约11次，24~28℃水温条件下幼体一般2~5天蜕壳1次，离开母体后的幼虾5~8天蜕壳1次，日增重0.1~0.2克；随着虾体的长大，蜕壳周期也随之延长为8~20天，日增重0.6~0.8克；性成熟后，蜕壳次数减少为每年1~2次，每次蜕壳增重率仅为13%；经过繁殖后，越冬亲虾第一次蜕壳增重率为60%~70%。小龙虾在青壳期蜕壳频率高，生长速度快；红壳虾蜕壳频率低，且增长比例小，生长缓慢。蜕壳时小龙虾会停止进食，并静侧卧于水底或水草中，当虾体弯曲成“V”形时，头胸部与腹部之间的连接软膜便会裂开，整个虾体便从裂开的缝隙处向外蜕出，整个蜕壳过程用时5~10分钟（图1–8）。蜕壳后的个体最容易遭受同类的攻击，小龙虾在蜕壳期被残杀是养殖成活率降低的主要原因之一。水温和营养状况是影响小龙虾蜕壳的主要因素，一年四季都有小龙虾蜕壳，但以4—6月为最多。刚蜕壳的小龙虾虾体色浅，较柔软，活动力较弱，约1小时后体色转深，虾壳渐渐变硬，躲避能力增强。在人工饲养条件下，如何加大小龙虾蜕壳频率，对提高养殖产量具有十分重要的意义。在实际生产中，改良养殖生态环境和投喂优质饲料等措施是缩短虾苗蜕壳周期的有效办法。刚孵化的小龙虾幼体，经过2~3个月的精心饲养，即可达到上市规格。

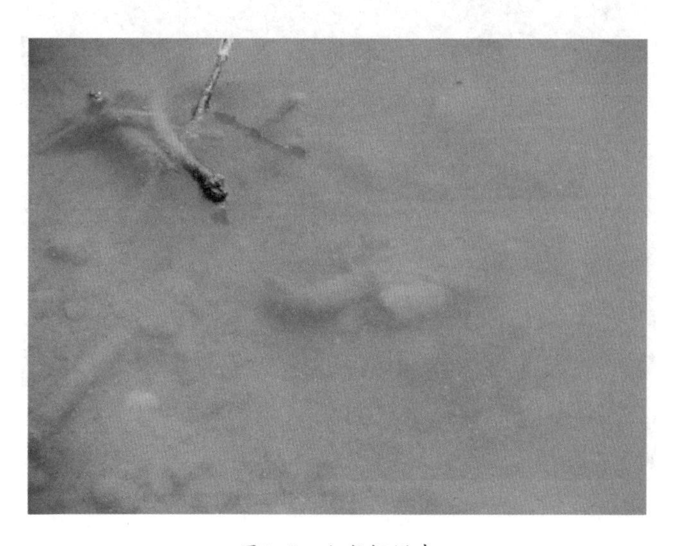

图1–8　小龙虾蜕壳

## 四 繁殖习性

小龙虾在稻田、池塘、沟渠、浅型水库、湖泊等水体都能进行繁殖。在天然环境条件下，小龙虾性成熟年龄为6~12个月。同龄亲虾中雄虾个体稍大于雌虾，雌雄数量比例接近1:1。6—11月皆可发现小龙虾交配行为，7—9月为小龙虾交配高峰期，交配适宜温度为15~25℃。在交配期，雄虾有明显挖洞行为，雌雄交配行为多数在洞穴中进行。小龙虾没有生殖蜕壳现象，交配时雄虾用第一螯足夹紧雌虾大螯相拥并交配，交配时间长短不一，短者仅5分钟，长者能达1小时，多数在10~20分钟。一尾雌性虾在产卵前，可能会与多只雄虾交配，后面的雄虾精子会覆盖代替前面的雄虾精子。在两虾腹部紧贴时，雄虾将乳白色透明的精荚射出，附着在雌虾第四和第五步足之间的纳精囊中。交配行为会促进雌虾卵巢发育，卵巢呈白色透明—乳白色—黄色—咖啡色—棕色—黑色变化，卵巢发育分为Ⅰ—Ⅴ期，雌虾通过输卵管将卵子产出，然后通过纳精囊，成熟精子与卵子结合而受精(图1–9)。

图1–9　小龙虾交配

小龙虾群体繁殖能力较强，但个体繁殖能力弱，每尾小龙虾每年仅产卵一次，产卵期分为9—12月和4—5月两个阶段，高峰期在10月中旬；产卵结束后，小龙虾尾扇卷曲，将卵粒裹至腹下进行孵化，整个产卵过程在10~30分钟。个体产卵量有差异，每尾小龙虾产卵量从几十粒到800粒不等，多数个体产卵量为200~400粒，个体越大则产卵量越多(图1–10)。受精卵离水时间不能过长，孵出的幼体附着于母虾腹肢，刚产出的受精卵被黏液包裹，卵径为1.5~2.0毫米，受精卵呈咖啡色至黑色变化。随着受精卵孵化，卵子透明区逐渐增加，直至完成孵化，幼体出膜，此时幼体形态与成虾无异。

图1-10　抱卵虾

小龙虾产卵后以抱卵的方式进行孵化，胚胎发育进程与水温高低有关，水温高则孵化时间短。在10~15℃条件下，幼体孵化出膜需要40~50天；22℃时需要19~20天；30~33℃时只需要9~12天即可孵出幼体。冬季抱卵虾在洞穴中，温度低，孵化速度缓慢，孵化时间为3~5个月，孵化的幼体整个冬季随母虾蛰伏于洞穴中，待第二年水温上升和雨水刺激，才随母虾从洞穴中出来，进入外水域生活；洞穴孵化虽然时间长，但是洞穴环境相对恒定，受外界影响小，幼虾成活率比洞外孵化的要高。刚孵出的仔虾外形近似成虾，体长为0.5~0.6厘米，但体色较淡，呈橘黄色；小龙虾亲虾有护幼习性，其幼体发育期大多在母虾保护下度过，刚孵化的幼虾一般不会远离母虾，在母虾的周围活动，一旦受到惊吓会立即回到母虾腹部附肢上躲避危险。幼体蜕壳3次后成为幼虾，幼虾会离开母虾营独立生活。小龙虾性腺发育不同步，整个秋冬春季皆会有小龙虾幼体孵化出来，幼体主要摄食浮游生物、有机碎屑等天然饲料。在繁殖田加水后，抱卵(仔)虾以及幼虾从洞穴中出来，需要摄食大量天然饲料才能生存和生长，因此冬季肥水培育天然饲料对提高虾苗成活率和育苗产量非常关键(图1–11)。

图1–11　抱仔虾

# 第二章　小龙虾苗种繁育技术

小龙虾生长速度快，稳定、优质的小龙虾苗种来源是实现小龙虾多茬养殖和获得高产高效的基础。我国小龙虾产业快速发展初期，繁殖体系尚未建立，人工繁殖的虾苗较少，而野生苗种放养后成活率低，易导致养殖失败。近年来，随着我国小龙虾养殖经验的积累和养殖规模的不断扩大，育苗技术在生产实践中得到了不断提升和创新，育苗产量也在不断提高（图2–1）。目前主要有稻田育苗、池塘育苗、塑料温棚育苗、稻田小龙虾秋苗繁殖等4种育苗模式，是小龙虾苗种来源的主要渠道。随着养殖技术的进步，亩均育苗量也在逐年提高，但是仍然存在优质虾苗季节性短缺的问题。

图2–1　虾 苗

## 第一节　苗种繁育场选址与设施配置

小龙虾幼苗蜕壳频率高、生长快且体质较为柔弱，需要优质的生态环境，且易受敌害、农药等侵害，所以，选择适宜的繁育场地址是苗种繁育成功的关键。繁育场要邻近水源，无工业、农业和生活污水污染，拥有完善的进排水系统，排灌方便，并且夏天多雨季节不易发生洪涝灾害。繁育场土质以壤土为宜，不宜选择沙土、碎石土等，以防止小龙虾洞穴坍塌压死小龙虾，或反复掘穴，耗费小龙虾体力，进而影响苗种育苗量和繁育后亲虾回捕率等。根据养殖面积、经营方向、虾苗需求量以及养殖技术水平等，每个养殖场可按照养殖总面积的20%~50%设置苗种繁育区域。

繁育场需要配备必要的设施设备。如繁育场需要安装三相四线电等电力设施；根据苗种繁育场面积，需要配置适当功率和流量的水泵，并安装配置到位，便于繁育场随时进排水；要求排水口畅通，便于及时排水、换水；繁殖场要建有必要的道路，其中主干道要求3米宽砂石等级路面及以上，方便小型货运车辆的出入，支路要保障电动三轮车等生产用小型车载工具自由通行，以便于亲虾运得进，虾苗运得出（图2–2）。

图2–2　育苗田

# 第二节　亲虾的选择与运输

## 一　雌雄鉴别

小龙虾是雌雄异体(图2–3、图2–4),雌雄主要鉴别方法如下:

(1)雄虾第一和第二腹足特化为白色的钙质交接器;雌虾的第一腹足退化,第二腹足羽化。

(2)雄虾的生殖孔位于第五步(胸)足基部,开口不明显;雌虾生殖孔开口于第三步(胸)足基部,可见明显的一对暗色圆孔,第四、第五步足基部之间的腹甲上有一椭圆形凹陷,为雌虾的纳精囊。

(3)性成熟的雌雄虾表现为壳硬艳红,其中性成熟的雄虾螯足长而粗壮,雌虾的相对短小,雄虾螯足腕节与掌节上的疣状比雌虾突出且明显。

图2–3　雄　虾

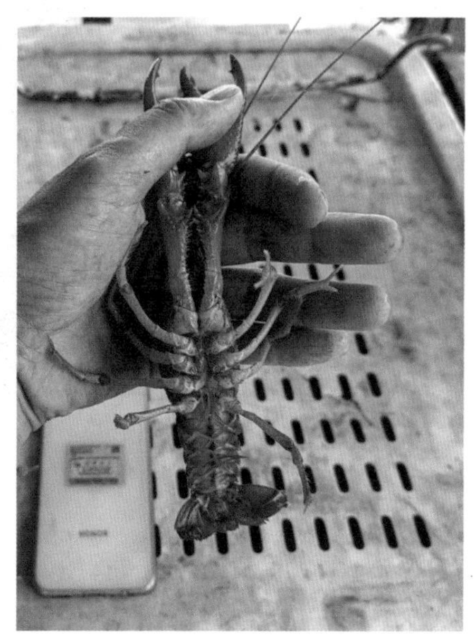

图2–4　雌　虾

## 二 亲虾的选择

### 1.亲虾选择时间

小龙虾育苗亲虾的选择是育苗的关键一环。7—9月为小龙虾交配高峰期，每年6—8月，可以选择连续晴天早晨，根据生产实际进程情况，进行小龙虾选种和放养事宜。由于选种时间正值夏季高温季节，选种时应尽量选择气温低于30℃的天气，或者选择早晚气温较低时选种，并避开连绵阴雨天气，应禁止雨前或闷热天气进行小龙虾选种、放养，否则极易导致亲虾放养后大量死亡。亲虾选择和放养宜早不宜迟，以提高种虾的放养成活率和繁殖力。有条件的养殖户可以从不同水系选择雌雄种虾，为小龙虾苗种繁育奠定良好的种质基础(图2–5)。

图2–5 亲虾筛选

### 2.亲虾质量

亲虾质量优良对小龙虾繁殖取得高产至关重要。为了避免长途运输导致亲虾受伤，亲虾选购应遵循就近原则，尽量避免长途运输，宜就近从生态条件较好的养殖稻田、池塘或浅型湖泊中选择亲虾。亲虾要求肢体完整、活力强、硬壳艳红、性腺发育良好、无病无伤且体重在20~40克为宜，体表发暗、鳃丝发黑、附肢不完整、烂尾、肝胰腺淡化、肠道分节、活力差、站立不稳和存在病害的个体应坚决予以剔除，以避免放养后出现大量死亡现象。严禁选择经过多次贩运或者利用冰水降温的亲虾。针对封闭养殖的小龙虾常出现的规格逐渐小型化、繁殖力下降、抗病抗逆性变差等种质退化问题，可每养殖2~3年，就近从不同水系选购亲虾，引进不同地理群体，与本场养殖的小龙虾进行杂交，以改良本场小龙虾种质，提高养殖效果（图2–6）。

图2–6　亲　虾

## 三 亲虾的运输

如果异地选购亲虾，常常需要进行运输，亲虾主要采用干法保湿方法运输。春秋两季气温较低，选择封闭性较好的车辆即可；夏季高温季节，需要选择封闭性较好的冷藏车、空调车作为运输车辆，并将车厢内气温保持在15~20℃，运输时间宜控制在2小时以内。选用市场统一规格（61厘米×42厘米×15厘米）的装虾筐装载亲虾，装载的亲虾要求不挤压，不上分拣台，起捕的亲虾宜直接放入装虾筐，每筐堆放亲虾高度不宜超过5厘米,包装重量控制在5~6.5千克。当运输距离超过2个小时车程,需要在车厢顶部安装喷淋系统,且需要降低虾的装筐重量;运输途中每隔15~20分钟,利用喷淋系统喷水一次,以保持虾体湿润,但是最长运输时间不宜超过5小时。高温季节,严禁带水运输,防止虾鳃被亲虾自己的排泄物堵塞,发生亲虾窒息死亡等现象;严禁使用冰块或井水降温运输,防止亲虾体温骤降,导致亲虾强烈应激反应或引发感冒等疾病。经过强烈降温的虾,表面看上去非常精神,活力较强,但是使用这种方法运输的亲虾放养后7天内通常会出现大量死亡现象,造成重大经济损失,并影响育苗的进程。

## 第三节　小龙虾苗种繁育主要模式

### 一　稻田小龙虾苗种繁育模式

安徽省稻田资源丰富，土壤多为黏壤土，非常适合小龙虾穴居与繁殖。小龙虾非常适宜稻田等浅水环境生长、繁衍,稻田苗种繁育成为目前小龙虾育苗的主要模式。该模式是基于稻田生态环境特点,通过适当的稻田工程改造,合理统筹水稻种植和小龙虾繁育生产管理,在不影响水稻种植的前提下,利用稻田冬闲期,配套进行小龙虾苗种繁育的一种育苗方式。冬季稻茬和秸秆分解缓慢,有效增加稻田肥度,能培育出小龙虾喜食的浮游植物、浮游动物、底栖动物、水生昆虫及有机碎屑等天然饲料,并辅助人工投饲,可保障虾苗安全越冬。

#### (一)稻田改造

##### 1.开挖虾沟

为了提高育苗产量,可在6—8月投放一定数量的亲虾,并要给亲虾提供一定的栖息场所，这就需要在稻田中开挖一定比例的虾沟（图2–7）。安徽省稻田主要分为平原、丘陵、山区三种类型的地貌特征，根据稻田地貌特征类型和单块面积，可沿稻田四周开挖环形、“U”形、“L”形、“一”字形等虾沟。其中平原稻田，地势平坦，稻田单块面积大多在20亩以上，可开挖环形虾沟；平原和丘陵过渡地区，稻田单块面积大多在10~20亩，可开挖“U”形虾沟（即三面挖沟，留下一面不挖沟）；针对起伏较大的丘陵地区，单块稻田在5~10亩范围，可选择开挖“L”形虾沟（即只开挖两面沟）；山区多数稻田呈梯形分布，单块面积在5亩以内，可采取开挖“一”字形虾沟（即仅开挖一面侧沟）。虾沟开挖要求：沟宽2~4米，沟深0.8~1.2米，沟坡比在1:1.2以上。按照农业农村部办公厅印发的《稻渔综合种养生产技术指南》（农办渔〔2020〕11号）要求，为了不影响水稻种植面积和产量，开挖的虾沟面积占稻田总面积应控制在10%以内。育苗区四周围埂要求宽2~2.5米，内田埂宽1~2米，埂高0.6~0.8米；若虾沟为环形沟，需要选择稻田一边便于农耕机械出入的地方，设置一条宽3~5米的车辆及机械通道，以方便运输车辆、旋耕机、插秧机、收割机等出入。

图2–7　虾　沟

### 2.设置防逃设施

小龙虾在繁殖季节、高温及暴雨天气，容易攀爬逃逸，育苗区设置防逃设施非常必要。一般沿育苗场四周田埂的外沿，利用10目的聚乙烯无节网片和宽10~15厘米的厚抗氧化塑料薄膜或者单用厚抗氧化塑料薄膜等光滑牢固的材料设置防逃设施。防逃设施要与埂面垂直，并将其基部埋入土壤10~15厘米，顶端高出埂面30~40厘米，每隔1~1.5米设置1根长50~60厘米的铁棍、竹竿或木棍等，用于加固防逃设施（图2–8）。

图2–8　防逃设施

### 3.完善进排水系统

完善的进排水系统可方便育苗池进水和排水，也是控制野杂鱼进入育苗稻田的关键。按照高灌低排的原则，将进排水口设置在育苗田的一条对角线上，一般在育苗田的上端设置进水渠或在田埂上设置直径为160~200毫米的PVC管作为进水管道；在稻田的下端开挖排水渠，排水渠底端需要低于稻田虾沟底端，以便排水彻底；在稻田下端虾沟底部，设置直径为160~200毫米的PVC管作为排水管，并在排水口周围设置面积为1~

2平方米的围网。进水时，进水管应套设80目的双层过滤筛绢网袋，防止野杂鱼、敌害等随水流进入稻田；排水口设置“L”形站管，排水时，在出水管套设网目为20~40目的密眼网罩，以防止小龙虾逃逸以及野杂鱼、敌害等逆水进入育苗田（图2-9、图2-10）。

图2-9 进水口

图2-10 排水口

### (二)亲虾放养前准备

#### 1.清整消毒虾沟

每年水稻收割后,利用稻田干田、种虾进洞的时段,清除虾沟内的过多淤泥,并抛撒于田面,保持沟底淤泥厚度不超过15厘米。每年6—8月,在亲虾放养前10~15天，主要采用生石灰、漂白粉、茶籽饼等清沟药品进行虾沟清野消毒。对于第一年开挖的新田,可以利用稻田秧苗分蘖结束、烤田的时段,排水至虾沟,利用生石灰和漂白粉进行干法清沟消毒。按虾沟面积计算,每亩使用块状生石灰100~150千克,或者漂白粉(氯含量为30%)10~15千克,用水化浆后全沟泼洒,包括沟底、沟坡面等,不要留死角,以彻底清除虾沟野杂鱼,杀灭病原体,同时生石灰除具消毒作用外,还可以增加钙质,改良底质和水质。针对已经养虾的老田,为了保住稻田中留存的种虾,可以选用杀鱼不杀虾的茶籽饼进行清沟消毒,每亩虾沟使用茶籽饼10~15千克来彻底杀灭野杂鱼和敌害鱼类，为亲虾提供一个安静、安全的生长与繁殖环境(图2-11)。

图2-11　清整虾沟

### 2.水稻品种的选择与栽培

水稻种植品种需要与小龙虾育苗茬口契合，才能实现稻田育苗出早苗、产好苗。可根据当地水稻种植习惯，选择生育期在135天以内、抗倒伏、耐肥、抗病强、品质好的优良品种，如两优688、黄华占、晶两优1212、隆晶优1号等。水稻可采取直播、机插秧、抛秧、人工移栽等栽种方式，但以人工移栽最佳（图2-12）。不同种植方式对水稻种植时间有不同的要求，一般要在5月20日前完成直播，6月10日前完成机插秧或抛秧，6月20日前完成人工移栽秧苗。以便实现6月底水稻秧苗返青，7月中下旬水稻分蘖、拔节，8月中下旬水稻孕穗、破口、齐穗，9月中下旬稻谷成熟，9月下旬水稻收割完毕，实现10月上旬完成育苗田上水繁育虾苗。

图2-12　水稻秧苗移栽

### 3.水草移栽

清沟消毒7~10天后，可逐渐加深水位进行稻田复水，在加水的同时，可以沿虾沟移栽水草（如水花生），每隔15~20米，移栽一盘水草。水草可利用长竹竿和细绳固定住，以防止随风漂移聚集。水草在移栽前，需使用浓度为10克/米$^3$的漂白粉水溶液或浓度为20克/米$^3$的高锰酸钾水溶液浸泡消毒10分钟，以清除和杀灭水草中野杂鱼苗及病原微生物等，洗净后移栽（图2–13）。水草移栽后，在虾沟中适量泼洒生物肥制剂，以培肥水体，促进水草生长，做到亲虾肥水下田，以提高虾成活率。观察水草生长情况，若发现水草出现疯长、根部盘结，要及时进行梳理、清除，以防止水草疯长盘结密封水体，影响水体流动，导致密集水草区底部缺氧或草根腐烂产生氨氮、亚硝酸盐、硫化氢等有毒有害物质，影响虾的生存和生长。

图2–13　水草移栽

**（三）亲虾放养**

6—8月，待移栽的水草活棵后，可选择晴天早晨选购和投放亲虾，具体质量要求参见本章第二节“亲虾的选择与运输”部分内容，亲虾个体规格以20~40克为宜，雌雄比例为（1.2~1.5）:1。新开挖的稻田，每亩可放养亲虾25~30千克；老虾田，可根据田里洞穴情况，每亩补放亲虾10~15千克，保持存田种虾在25~30千克即可。从自己养殖场选放的亲虾，可以直接沿埂边浅水处均匀投放；通过外购运输的亲虾，运输至繁育田时，不能直接投放，应先将虾筐带虾浸入育苗田水中1分钟，提起放置在埂上3~5分钟，如此反复2~3次，平衡水温10~15分钟，让小龙虾鳃部充分吸水，以降低虾的应激反应；并使用浓度为20克/米$^3$的高锰酸钾溶液浸泡1分钟左右，再沿育苗田虾沟四周浅水、水草边均匀投放，让亲虾自行爬入水中，栖息于水草下。有条件的养殖户，可以在亲虾放养前，沿亲虾放养环形沟均匀泼洒维生素C等防应激药品制剂，以有效降低亲虾应激反应，提高放养成活率（图2-14、图2-15）。

图2-14　选购的亲虾

图2-15　亲虾投放

## （四）亲虾培育管理

### 1.投饲管理

亲虾投放后第2天可投喂小龙虾全价配合饲料（蛋白质含量为30%~34%，粒径为2~3毫米）、黄豆、玉米等人工饲料，以增强亲虾体质，促进其性腺发育。还需要根据季节变化，适当调整饲料种类和投喂量。其中6—8月上旬，气温较高，要交替投喂小龙虾全价颗粒饲料（蛋白质含量为30%，粒径2毫米）和黄豆、玉米等，黄豆、玉米需要煮熟后投喂，日投饲率为0.5%~1%；8月中旬至稻田收割前干田，立秋节气过后，天气开始转凉，亲虾觅食活动增多，可投喂高蛋白小龙虾全价配合饲料（蛋白质含量为34%），以增强亲虾营养，促进亲虾性腺发育和育肥，储存越冬能量，日投饲率为1%~2%。每天下午5:30—7:00沿虾沟四周坡面均匀投放饲料；同时，在每个育苗田中设置1~2个食台，翌日上午根据亲虾摄食情况来调整投喂量。当气温高于33℃时，可以减少投喂量。

### 2.水质调节

亲虾培育季节，每隔20~30天，根据水体肥度情况换水，换水量为10%~20%；换水后，按照虾沟面积，每亩泼洒芽孢杆菌、EM菌、光合细菌等微生态制剂1~2千克，以调节水质。若虾沟底质较差，可以使用过硫酸氢钾复合盐类氧化型底质改良剂（具体使用量参考产品说明书）来改底，保持虾沟水体肥活嫩爽。

## （五）诱导繁殖及清除野杂鱼

### 1.诱导繁殖

稻田育苗主要结合水稻两次烤田，排水诱导亲虾掘穴繁殖，同时根据野杂鱼情况，利用杀鱼不伤虾的鱼药和第二次烤田排干沟水等方式，彻底清除野杂鱼，为亲虾提供一个安静、安全的繁殖环境。其中第一次排水诱导时间为水稻分蘖完成后，结合稻田第一次烤田，将稻田水位降至虾沟内，虾沟水位较稻田平面低30~40厘米，彻底露出田面，进行烤田。一方面控制分蘖，促进水稻扎根防倒伏，此次烤田时间约7天，以稻田出现小裂缝，土壤不陷脚为准，烤田后逐步加水，以促进水稻拔节、孕穗；另一方面，通过排水改变环境，诱导亲虾掘穴，并进入洞穴交配繁殖。9—10月，水稻收割前7~10天，逐渐将稻田水和虾沟水彻底排干，诱导亲虾进入洞穴交配、受精、排卵（图2-16）。

图2-16　诱导繁殖

### 2.清除野杂鱼

结合两次烤田，要彻底清除野杂鱼。第一次水稻秧苗分蘖够苗烤田，若虾沟中野杂鱼较多，可选用茶籽饼或者使用以茶皂素、鱼藤酮等为主要成分的鱼药清除野杂鱼；第二次为水稻收割前，可彻底排干稻田水和虾沟水来清除野杂鱼。若发现有黑鱼等敌害，需要利用茶籽饼等清野药物杀灭（图2-17）。

## （六）虾苗培育

### 1.加水刺激

9月下旬至10月初，是水稻收割期，留稻茬高度30~40厘米，秸秆不粉碎，全量还田，暴晒秸秆7~10天至干枯，同时按照行距8~10米，在田面上

图2-17　清除野杂鱼

旋耕一条水草种植道(图2-18)。10月10日前,开始缓慢进水,进水时进水管需要套设80目双层筛绢网袋,以防止野杂鱼顺水流进入育苗田,进水的同时进行水花生移栽(图2-19),当虾沟水位为40~50厘米时,沿虾沟坡底及水花生之间移栽一团直径为20~30厘米的伊乐藻,随着伊乐藻活棵,逐渐加深水位。当田面水位达5厘米时,在田面旋耕草道上移栽伊乐藻,每隔4~5米,移栽一团直径20~30厘米的伊乐藻,之后再每隔3~5天加水1次,每次加水5~10厘米深,在半个月内将水位加为淹没田面15~30厘米。通过加水淹没洞穴,刺激抱卵(仔)虾出洞穴在繁育田中孵化或排苗,部分没有排卵的亲虾可以再次掘洞穴越冬,这部分重新进入洞穴的亲虾在洞穴中完成排卵、孵化,直至翌年春天,经加水或者雨水刺激后,携仔虾才会从洞穴中出来,将虾苗排放在育苗田中。

稻田加水后,须密切注意水质变化,加水后10~30天,稻田秸秆会快速腐烂,可导致水质急剧恶化,水体呈现酱油状红黑色,该水体溶解氧量极低,氨氮、亚硝酸盐、硫化氢等有害因子极易超标,对刚孵化不久的幼苗、

图2-18　旋耕草道

图2-19　水草移栽

抱卵(仔)虾及繁后亲虾具有极强的慢性毒害作用,容易造成小龙虾幼苗大量死亡以及种虾难以越冬。若水源方便,可采取换水2~3次,以去除红黑水,改善水质,并结合使用有机酸解毒剂解除秸秆腐烂产生的毒素。如水源不方便,可以将秸秆打垛,或收集移出育苗田;或者待气温下降后加水,可减缓水质恶化速度,以最大限度地减少红黑恶化水对幼虾、抱卵(仔)虾及繁后亲虾的毒害。

### 2.幼体培育

10月份,刚刚孵化的小龙虾幼体规格为0.4~0.5厘米,附着在母虾腹部,在母虾的保护下生活,时而离开母体,在受到惊吓时,会立刻回到母体腹部;此阶段幼体主要从内源性卵黄获得营养,以及摄食浮游植物、浮游动物、有机碎屑等。这一阶段,主要采取加水前在稻田面上堆置腐熟的有机粪肥(每亩用量为50~100千克)作为基肥,缓慢释放肥力来培育天然饲料。随后逐渐加水,并根据稻田水体肥度,每隔15~20天,每亩追施氨基酸肥水膏、黄腐酸钾等生物肥1~2.5千克,整个冬季将水体透明度控制在25~40厘米,保持水体肥度,培育幼体喜食的藻类、轮虫、枝角类、桡足类及有机碎屑等天然饲料。当发现有大量米粒大小龙虾幼体栖息于田埂边,每天上午可沿虾沟四周泼洒豆浆,每亩使用干黄豆0.25~0.5千克加水打成豆浆5~10千克;下午5:30—6:00,投喂虾蟹全价配合破碎饲料(蛋白质含量为36%),沿沟两边或埂边均匀投喂,每天每亩投喂量为0.25~0.5千克。设置2~3个食台,第二天检查摄食情况,若有剩余饲料,可适当减少投喂量;若无饲料剩余,可适当增加投喂量。

### 3.幼虾培育

11月份,气温尚可,幼虾经过3次蜕壳后,体长为0.8~1厘米,活动能力增大,具备了一定的避敌能力,幼虾完全离开母体,并能够独立生活,主要以枝角类、桡足类、水蚯蚓和有机碎屑、人工饲料等为食。此时段可根据育苗田水体肥度,每隔15~20天,坚持追施氨基酸肥水膏、黄腐酸钾等生物肥,保持水体肥度,并将水体透明度控制在25~40厘米。每天下午

5:30—6:00，虾蟹全价配合饲料1#料（蛋白质含量为36%，粒径为1.0~1.6毫米）和发酵饲料按照1:1的比例混合投喂，每天每亩投喂量为0.25~0.5千克，沿沟逐渐扩展到田面投喂。根据每天摄食情况酌情增减。

#### 4.虾苗培育

12月至翌年3月初，气温较低，此时虾苗多数规格为1.5厘米以上，大的规格为3~5厘米，但是仍陆续有刚孵化的幼虾进入水体，此阶段虾苗主要摄食人工饲料、枝角类、桡足类、水生昆虫、水蚯蚓、底栖动物等。可以选择气温在10℃以上的晴天中午，每周投喂1~3次，按照虾蟹全价配合饲料1#料（蛋白质含量为36%，粒径为1.0~1.6毫米）和发酵饲料1:1的比例搭配投喂，每亩每次投喂量为0.5~1千克，全田泼撒。整个冬季气温低于10℃或雨雪结冰天气，可不投喂饲料。雨水至惊蛰节气，缓慢将育苗田水位加为30~35厘米，诱导部分抱仔虾和虾苗出洞穴。3月中旬左右，气温上升为10℃以上，育苗田转为每天投喂：每天上午适量泼洒豆浆，保持水体肥度；每天下午5:30—7:00将小龙虾全价配合饲料1#料（蛋白质含量为36%，粒径为1.0~1.6毫米）和2#料（蛋白质含量为38%，粒径为2.0毫米）按照1:1的比例投喂1次，每亩投喂量为0.5~1千克，全田均匀投喂。根据小龙虾摄食情况，可酌情增减饲料投喂量。

### （七）水质调控

#### 1.水位调节

10月份，逐渐将水位加为淹没田面15~30厘米，以不淹没稻茬为准，整个冬季不要随意提升水位，保持田面水位稳定即可；翌年2月中下旬，缓慢将水位加为30~35厘米，保持一周左右，再将水位降为15~30厘米，浅水位可增加水体积温，促进虾苗快速生长，利于培育早苗。

#### 2.水质调节

在稻田小龙虾育苗生产过程中，主要存在加水后秸秆腐烂造成水质迅速恶化问题。在育苗田加水后1个月左右，可采取换水2~3次，配合使用1次有机酸解毒剂，来解决红黑水问题，以保持水体清爽。整个冬季主要依靠定期追施生物肥来保持育苗田水体肥度，进入12月份后，气温、水温相对较低，水质一般不会出现恶化情况。翌年2月中下旬至3月初，可换水1次，以保持水体肥活嫩爽。

### （八）虾苗捕捞

3月份，育苗田虾苗规格为160~240尾/千克，可利用网目尺寸为0.6厘米的密网眼地笼试捕，若每个地笼虾苗捕捞量在0.5千克以上，开始利用密网眼地笼捕捞虾苗及越冬商品虾。每亩育苗田设置地笼5条以上，并做到尽快将达到规格的虾苗进行分田养殖或直接销售，同时回捕越冬虾直接上市，以降低育苗田养殖密度，促进虾苗快速生长（图2-20、图2-21）。至4月中下旬，虾苗捕捞结束，可充分利用稻田中剩余的虾苗，逐渐加深育苗田水位为30~40厘米，养殖一季商品虾。

图2-20　虾苗捕捞

图2–21　虾苗及越冬种虾

## 二 池塘小龙虾苗种繁育模式

池塘生态环境相对优越，不受水稻种植、秸秆腐烂的影响，亲虾放养、诱导时间、上水时间等技术环节可控性较强；小龙虾活动空间相对较大，亲虾投放密度较大；池塘冬季水位较深，容易控制青苔，水温相对较为恒定，虾苗的成活率高，单位育苗产量较高。

### （一）池塘工程改造

池塘呈长方形、东西走向佳，面积以3~10亩为宜，埂宽1米以上，池塘宽边控制在30~40米，长边可不做限制，坡比为1:（2.5~3），池塘深1.0~1.2米，可储水深为0.8~1.0米，池底平坦，按照2%的坡度，向出水口稍倾斜，以便于排干池水（图2–22）。池塘应建设有完善的进排水系统，进水时进水管套设长3~4米的80目双层过滤网袋，在排水口周围设置面积为1~2平方米的围网，并在“L”形排水管上套设20~40目的密眼网罩，以防止野杂鱼及敌害鱼类顺水或者逆水进入育苗池塘；在育苗池塘四周塘埂外围，利用10目的聚乙烯无节网片和宽10~15厘米的厚抗氧化塑料薄膜或者单用厚抗氧化塑料薄膜等光滑牢固的材料，设置高出埂面30~40厘米的防逃

图2-22 育苗池塘

设施，防止亲虾攀爬逃逸。

## （二）亲虾放养前准备

### 1.清塘消毒

每年6—7月，彻底排干池水，清除过多淤泥，保持淤泥厚度不超过15厘米，并暴晒池底15天以上（若遇到阴雨天气，可适当延长晒塘时间），使得池底呈龟裂状。晒塘后，注入经过过滤的新鲜水，保持育苗池水位为10~15厘米，在池塘的四角和中间挖5个以上浅坑，将呈块状生石灰倒入浅坑化浆后趁热全池泼洒，包括池埂斜坡，不留死角，每亩生石灰用量为75~100千克，以利于池底有机质矿化分解，改善底质，增加钙质，并杀灭底泥中部分病原微生物。

### 2.水草移栽

水草是池塘小龙虾生长、繁殖、隐蔽、营养摄取不可缺少的环境生态因子。根据不同季节，要适时移栽伊乐藻、轮叶黑藻、水花生等水草。一般在用生石灰消毒7天后，亲虾投放30天前，在池塘中央按照行距10米、株距4米移栽轮叶黑藻，每隔4~5米移栽1团，将水草切成长8~10厘米，每10~

15根水草为一束，将每束轮叶黑藻栽插于泥土中，每10~15束水草为一团。移栽后，随着轮叶黑藻活棵，逐渐加深水位为50~60厘米，沿池塘四周、离岸2米处，移栽水花生，每隔15~20米移栽一团，利用竹棍及绳子固定，移栽的水花生呈团状，每团直径以约2米为宜。

#### 3.施肥

新开挖池塘，需要施用经过充分发酵的有机粪肥作为基肥，每亩用量为200~300千克，有机粪肥发酵方法为：在防雨棚下，将干畜禽粪便、稻壳、粉碎秸秆与益生菌发酵剂混合，保持含水率为40%~50%，用塑料薄膜覆盖，晴天经常翻堆，经有氧发酵和厌氧发酵两个阶段，充分将大分子有机物分解成易于吸收的小分子无机盐类，以利于水草、浮游植物吸收（老塘可以不施用有机粪肥）。在水草活棵后，可逐渐加深水位为20~30厘米，并在水草周边适量撒施长根粒粒肥、氮磷钾复合肥等，以促进水草快速生长。亲虾放养前7天，若水体仍较瘦，可追施氨基酸肥水膏、黄腐酸钾等生物肥料（具体使用量参考产品说明书），培肥水体，促进水草生长，并做到让亲虾肥水下塘，以提高亲虾放养成活率。

### （三）亲虾投放

亲虾质量优劣是池塘育苗成功与否的关键环节。6—7月，当水面水草覆盖面积为30%~40%时，可选择晴天早晨，气温低于30℃，或者选择早晚气温较低时段，进行亲虾选购和投放。亲虾质量要求健康活泼、壳硬艳红、性腺发育良好、无病无伤，规格以每尾20~40克为宜。以自有种虾为佳，可以直接放养；通过外购运输的种虾需要经过平衡水温、浸泡消毒后再投放。沿池塘四周坡埂均匀投放亲虾，将亲虾轻轻分散投放在池塘斜坡浅水处，每亩投放量以40~60千克为宜，雌雄比例为（1.2~1.5）∶1。

### （四）亲虾培育

#### 1.投饲管理

亲虾在进入洞穴繁殖和越冬前，需要摄食优质饲料，以为卵子孵化和越冬储存能量与营养，并增强亲虾免疫力，从而提高亲虾繁殖力和越冬成活率。亲虾投放第二天,可投喂小龙虾全价配合饲料、黄豆、玉米等人工饲料,以增强亲虾体质,促进其性腺发育。可根据季节调整投喂饲料的种类和投喂量。其中7—8月上旬,气温较高,可交替投喂小龙虾全价颗粒饲料(蛋白质含量为30%,粒径为2毫米)和黄豆、玉米等,黄豆、玉米需要煮熟后投喂,日投饲率为0.5%~1%;8月中旬,立秋节气过后,天气逐渐转凉,亲虾觅食活动增多,可投喂虾蟹全价配合饲料(蛋白质含量为36%,粒径为2毫米),以增加亲虾营养,促进其性腺发育和储存越冬能量,日投饲率为1%~2%,每天下午5:30—7:00进行全池均匀投喂。可设置1~2个食台,检查亲虾摄食情况,并及时调整投喂量。高温季节,当气温高于33℃时,可以减少或停喂人工饲料。

#### 2.水质调节

亲虾培育期间,每隔10~15天换水1次,每次换水量为10%~20%。换水后,每亩泼洒EM菌、芽孢杆菌、乳酸菌、光合细菌等微生态制剂1~1.5千克;若水质很差,可适时泼洒过硫酸钾复合盐氧化型底质改良剂来改善底质,并利用有机酸解毒剂去除水体毒素,保持水体肥活嫩爽。若轮叶黑藻长出水面或疯长,需要及时去头和疏密,保持水面覆盖面积为40%~50%,要防止水草过多,造成水体底部缺氧;割水草后,要及时补充草肥,促进水草重新发芽生长。

### (五)诱导繁殖

#### 1.排水诱导亲虾进洞

主要采取分阶段降低水位法诱导亲虾逐层掘穴进洞交配、排卵和孵化。每年8月中下旬,分阶段排干池水,每隔5~7天排水1次,每次降低水位20~30厘米,直至池水深降为10~15厘米,诱导亲虾逐层掘穴进洞交配繁殖。此时若发现池塘里鲫鱼、泥鳅、黑鱼、黄鳝等野杂鱼和敌害鱼类较多,每亩可使用10千克生石灰和10千克茶籽饼,全池使用,彻底清除野杂鱼和敌害鱼类。随后彻底排干池水,暴晒塘底,以促进有机质矿化分解,改善底质。

#### 2.诱导亲虾出穴

晒池1个月后,9月中下旬,可逐渐向池塘中注入新鲜水,逐步诱导抱卵(仔)虾出洞穴进入育苗池孵化及排苗,没有抱卵的亲虾可再次掘穴进入洞穴繁殖。加水时,利用80目的双层筛绢网袋套住进水口,防止野杂鱼和敌害鱼类随水流进入育苗池;当水深为5~10厘米时,在池塘中央,按照行距10米、株距4米,移栽伊乐藻。伊乐藻铺开直径为20~30厘米,并利用土块压住,随着水草活棵,逐渐加深水位。在10月15日前,将水位逐渐加深为80~100厘米,逐步刺激抱卵(仔)虾进入水中孵化、排苗等;保持水位1周后,降低水位为50~60厘米,越冬前将水位加为60~80厘米。

### (六)越冬管理

整个冬季维持池塘水深为60~80厘米,并保持水位稳定,不宜随意大幅度抬高水位,以防止加重虾苗应激反应,导致大量死亡。整个冬季,要根据水体的肥度,选择晴好天气,每隔10~15天,追施氨基酸肥水膏、黄腐酸钾等速溶性生物肥料,保持繁育池塘的肥度,将水体透明度控制在25~40厘米,以培育丰富的天然饲料,并防止滋生青苔。遇到晴天气温高于10℃时,中午可适当投喂虾蟹全价配合饲料,为虾苗和越冬虾提供饲料,以补充能量,增强虾的免疫力,从而增强虾抗严寒能力,提高虾越冬成活率。

### (七)虾苗培育

池塘虾苗培育分为越冬前、越冬期、越冬后3个阶段。

#### 1.越冬前虾苗培育(10月至11月)

保持池塘水位为50~60厘米,此阶段池塘加水后,可以发现大量抱仔虾、幼虾以及具有不同程度避敌能力的虾苗在埂边活动。随着水位的提高,10月上旬后,水位逐渐淹没洞穴,抱仔(卵)虾从洞穴中出来,进入育苗池水体排苗或者孵化,也有部分亲虾还没有完成排卵,则继续在水位线以上选择适宜的地方进行掘洞穴居。该阶段气温为15~20℃,通过加水刺激,幼虾逐步进入水体活动,此时培肥水体,培育丰富的天然饲料非常重要。首先全池撒施发酵有机粪肥作为基肥,每亩用量在200~300千克;

每10~15天，视水质情况，追施氨基酸肥水膏、黄腐酸钾等速溶性生物肥料培肥水体，保持水体透明度在25~40厘米，培育藻类、轮虫、枝角类、桡足类等天然饲料。每天上午8:00—9:00，全池均匀泼洒豆浆1次（每亩干黄豆用量为0.5~2千克，视水体肥度，可适当增减黄豆的用量），既可保持水体肥度，又可为幼虾提供部分饲料，保障未脱离母体和刚脱离母体不久的幼虾营养需求，提高幼虾成活率；每天下午5:30—7:00，选用虾蟹全价配合饲料，按照破碎料和颗粒料1:1的比例搭配投喂，每亩投喂量为0.25~0.5千克，全池均匀投喂，供虾苗、抱仔（卵）虾、未排卵的亲虾和完成排苗的亲虾摄食，以促进虾苗生长，保持亲虾体质，提高虾的越冬成活率。当发现大多数小龙虾苗种规格达到1.5厘米且具有较强躲避能力时，按照虾蟹全价颗粒饲料（蛋白质含量为36%，粒径为1.6毫米）和发酵饲料1:1比例搭配投喂，要全池均匀投喂，每天每亩投喂量为0.5~1千克，每天下午5:00—6:00投喂1次。可在育苗池中设置2~3个食台，并根据每天剩料情况酌情增减投喂量。

**2.越冬期虾苗培育（12月至翌年2月）**

保持池塘水位为60~80厘米，此阶段气温及水温皆为全年最低，尤其1月份，多数地区最低气温在0℃以下，水体上层常结薄冰，此阶段虾苗及完成繁殖的亲虾摄食行为减少，活动能力较差，多数进入深水区越冬。但是在严寒的冬季，小龙虾仍然具有一定的摄食能力，在温度适宜的情况下，觅食行为会增多，并在持续晴好天气，小龙虾也会蜕壳生长。为此，在越冬期，可选择气温在10℃的晴天中午，适量投喂虾蟹全价饲料和发酵饲料。冬季保持小龙虾体质非常必要，每周可投喂1~3次，每次每亩投喂量为0.5~1千克，为小龙虾提供部分饲料；若水体肥度较瘦，可以选择晴好天气，利用低温生物肥肥水，保持水体肥度，并将透明度控制在25~40厘米。

**3.越冬后虾苗培育（3月至4月中旬）**

保持池塘水位为50~60厘米，此阶段为越冬期过后，雨水节气过后，惊蛰来临，气温和水温逐渐上升，万物复苏，但是也要谨防倒春寒对虾苗的危害。此阶段多数虾苗规格变大，经过一个冬天后，多数虾苗体弱缺食。随着气温的回升，虾苗摄食行为逐渐增多，需要加强投喂，强化虾苗培育，可足量投喂虾蟹全价配合饲料（蛋白质含量为36%，粒径为1.6毫米）。3月上旬，每天每亩投喂量为0.25~0.5千克；3月中旬后，每天每亩投喂量为0.5~1.5千克。每天下午5:00—6:00投喂1次，全池均匀投喂，池塘四周浅水斜坡处多投，并根据剩料、天气、水质等情况，酌情增减投喂量，保障虾苗及越冬亲虾吃好吃饱，以促进虾的快速生长，尽量实现早出苗、早分塘。

### （八）水质调控

虾苗培育阶段，越冬前和越冬后，温度适宜，保持水位为50~60厘米，虾苗蜕壳频率高，每隔10~15天，肥水1次，可泼洒速溶性补钙产品制剂，增加水体肥度和钙质含量，以促进小龙虾快速健康生长。越冬期保持水位为60~80厘米，定期培肥水体，保持水体透明度为25~40厘米，溶解氧在4毫克/升以上，并防止青苔暴发等，以保障虾苗安全越冬。

### （九）小龙虾捕捞

3月份，大多数虾苗规格为160~240尾/千克，可全塘设置密网眼地笼捕捞小龙虾苗种，进行分塘养殖或上市销售，同时将捕获的繁殖后亲虾直接上市销售。捕捞后期，虾苗的捕捞量逐渐减少，可适当加深水位，利用留存的虾苗，进行池塘商品虾养殖或培育后备亲虾。

## 三 塑料温棚小龙虾苗种繁育模式

通过在小龙虾育苗池上方搭建钢架并覆盖塑料薄膜，保持冬季棚内育苗池水温在5℃以上，晴好天气可以保持水温在10℃以上；且育苗池环境受外界影响小，可减少严寒及倒春寒对小龙虾的危害。通过将温棚保持一定的温度，在严寒的冬季，仍能保持虾苗一定的生长速度，提高虾苗和繁殖后亲虾越冬成活率。同时，温棚培育的虾苗出苗时间可以提前至2月中旬，较池塘、稻田出苗时间提前30天左右，从而有利于提早繁育，实现早出苗、早放苗，商品虾早上市，有效提高养殖经济效益。

## （一）育苗设施

### 1.开挖育苗池

温棚小龙虾育苗池为土池，呈长方形，东西走向，育苗池宽7~9米，长50~100米，池深1.2~1.5米。塑料温棚可以设置为连栋温棚和单拱棚，两种不同形式的温棚对育苗池开挖的要求不一样。

（1）开挖连栋棚育苗池。育苗池中间设置宽1米、深0.5~0.6米的中间沟，中间沟两边平台宽1.7~1.8米，利用开挖的泥土做埂，埂高0.6~0.8米，坡比为 1:（2~2.5）；育苗池中间设置矮埂高0.4~0.5米，便于提高水体面积，增加小龙虾活动空间（图2–23至图2–25）。

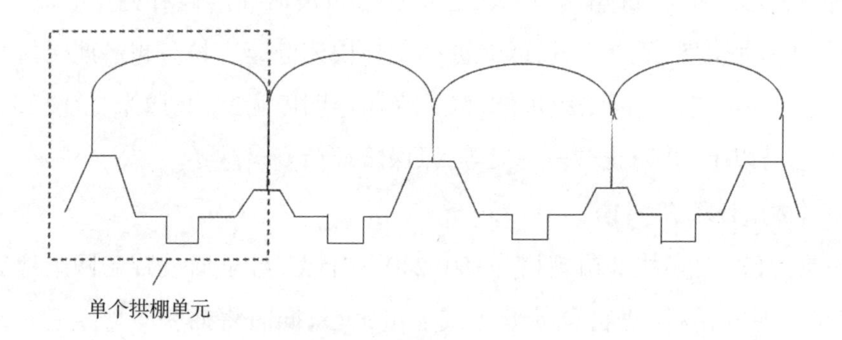


图2–23　连栋大棚池建设剖面示意图

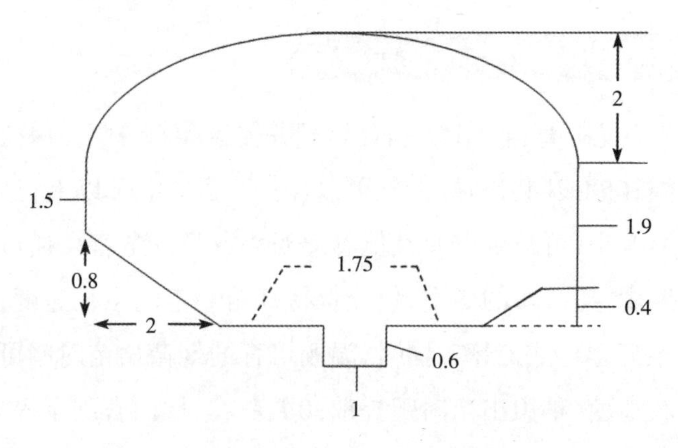


图2–24　单个拱棚单元剖面示意图（单位：米）

图2-25　连栋大棚池实物图

(2)开挖单拱棚育苗池。在每个单拱棚下开挖育苗池,每个育苗池深1.2~1.5米,沟宽8~9米,坡比在1:1以上,两条沟中间做一条高0.6米的小矮埂,埂宽1米左右,在中间矮埂两边分别有两条宽1米、深0.6米的小沟,小沟两侧设置宽为1.7~1.8米的平台,两边平台以上埂高0.8米,可为小龙虾提供更多掘洞区域(图2-26、图2-27)。

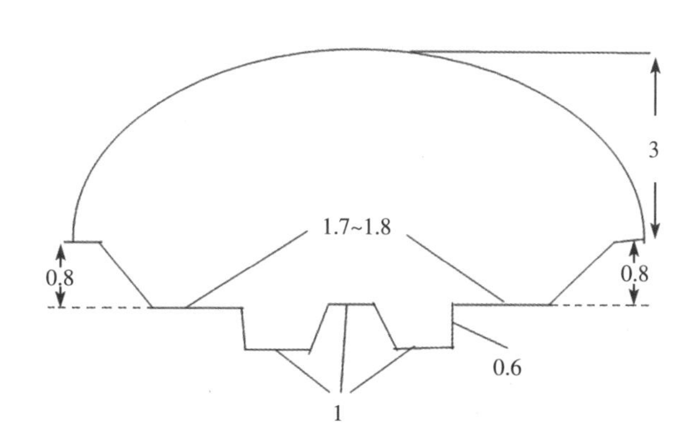


图2-26　单拱棚池建设剖面示意图(单位:米)

图2–27　单拱棚池实物图

## 2.其他配套设施

(1)完善进排水系统。按照进排水系统分开及高灌低排的原则,在每个育苗池一端开挖进水渠或者设置进水管道。在埂上利用直径为110毫米左右的PVC管设置进水口,另一端开挖排水渠,排水渠底端低于育苗池最底端,在育苗池底利用直径为110毫米左右的PVC管设置排水管,并在排水管上设置"L"形站管。进水时,进水管口套设长3~4米、口径30~40厘米、网目为80目的双层筛绢过滤网袋;排水时排水口的"L"形站管上套设20~40目的密眼网罩,以防止小龙虾逃逸以及野杂鱼、敌害等顺水或逆水进入育苗池。

(2)搭建塑料温棚。温棚设施可以采取连栋温棚或者单拱棚形式。其中连栋温棚按照普通连栋塑料棚建设,连栋温棚多数呈东西走向30~35米,南北走向50~100米,一般有 4 个拱,每个拱棚跨度为7~9米,肩高1.5米,脊高3.5米;单拱棚按照普通单拱塑料棚建设,脊高3米。温棚骨架采用钢架结构,一端留门,方便管理人员出入,棚两侧和棚顶设置卷膜设施,便于白天气温高时卷起边膜和顶膜,实现棚内通风。采用厚12丝塑料薄膜覆盖保温，长江中下游地区冬季温棚内水温可保持在5℃以上，能促进虾苗的快速生长。

（3）设置增氧设施。育苗池内设置增氧设施，每亩育苗池配备功率为0.4~0.5千瓦的罗茨风机，利用直径为50毫米的PVC 管作为主气管，利用50变20三通+一体阀及软管连接纳米曝气盘，每隔4米左右设置1个直径为60厘米的纳米曝气盘，每亩设置直径为60厘米的增氧盘8~10个。

（4）配备管理船。每个温棚内配备1条长3米左右的管理船，便于工作人员进行日常投喂、调水等管理工作。

### （二）亲虾放养前准备

#### 1.清池消毒

每年6—7月，清除过多淤泥，淤泥厚度以不超过15厘米为宜，留沟底水位10~20 厘米，利用生石灰清塘消毒，每亩使用生石灰量为75~100千克，生石灰用水化浆后趁热全池泼洒，包括坡埂，不要留死角，以彻底清除野杂鱼和病原微生物，改善底质，增加水体钙质。7~10天后，彻底排干池水，并暴晒15天以上，使池底呈龟裂状。

#### 2.水草移栽

育苗池底晒好后，向虾沟中注入新鲜水，当水深为50~60厘米时，可以沿着育苗池中央的小沟移栽水花生，每隔10~15米，移栽一盘水花生（直径2米左右）。水花生移栽前，要在浓度为10克/米$^3$的漂白粉水溶液或者浓度为20克/米$^3$的高锰酸钾水溶液中浸泡10分钟，洗净后移栽。水花生可利用绳子和竹竿固定，以防其漂移聚集。水草移栽后，施用氨基酸肥水膏、尿素、磷肥等，以培肥水体，促进水草快速生长。水花生在生长过程中，若出现疯长盘结情况，需要及时梳理，去除中间过多的水花生，以防止水花生根部密集缺氧发生烂根及死亡情况，影响水质，进而影响小龙虾的生存和生长。

### （三）亲虾放养

每年6—8月，保持育苗池水位在80~100厘米，移栽的水花生水面覆盖率为30%~40%，选择晴天早晨（气温低于30℃），就近选购健康活泼、壳硬艳红、体重30克以上的亲虾，每平方米放养密度为4~5尾（折合每亩水面80~100千克）。经过运输的亲虾，应连筐将亲虾在育苗池中浸泡1分钟，提起放置3~5分钟，如此反复 2~3次，平衡水温，再利用浓度为20克/米$^3$的高锰酸钾水溶液浸泡消毒1分钟，然后均匀投放于育苗池浅水处，让小龙虾自己爬入育苗池，栖息于水草下。

### （四）亲虾培育

#### 1.投饲管理

亲虾投放后第2天开始投喂虾蟹全价配合饲料（蛋白质含量为36%，粒径为2毫米）。同时拌料投喂应激灵7天，以减少亲虾放养后的应激反应，日投饲率为1%~2%，沿两边斜坡和平台均匀投喂。并设置查料食台，根据剩料情况，酌情增减投喂量。

#### 2.水质调节

亲虾培育期间，每隔10~15天换水1次，换水量为20%，且换水后泼洒芽孢杆菌、EM菌、光合细菌等微生态制剂，以调节水质；高温季节，每天晴天中午、夜晚应适时开启增氧机，遇闷热天气须及时开启增氧机，增加水体氧气含量；培育后期，若水质较差，可加大换水量，并使用过硫酸氢钾复合盐底质改良剂来氧化改善底质，并使用有机酸解毒剂去除水体毒素，以保持水体肥活嫩爽。

### （五）诱导繁殖

#### 1.排水诱导繁殖

8月底至9月初，可采取逐渐排水的方法，每隔3~5天降低水位1次，每次降低水位20~30厘米，经过2~3次，彻底排干育苗池的水。在降低水位的同时，利用打洞机或坚硬的圆形棍棒在斜坡和平台上，钻设深20~30厘米、直径3~4厘米的人工洞穴，以诱导亲虾进入洞穴交配、排卵、孵化。采用钻设人工洞穴的方法，还可以减少亲虾掘穴体力消耗和因争夺领地而发生争斗的情况。

### 2.加水刺激

育苗池暴晒30天后，9月底至10月初，开始逐渐加深水位，以诱导抱卵(仔)虾从洞穴中出来，进入育苗池水体中孵化。同时进行育苗池野杂鱼清除和水草移栽。当水位为5~10厘米时，沿育苗池小沟底部水花生之间，移栽一些伊乐藻，伊乐藻草团直径以20~30厘米为宜；随着水草活棵，再逐渐加深水位，当水位为20~30厘米时，按照中间沟的面积计算，每亩采用10千克茶籽饼和10千克生石灰，先将生石灰用水化浆后趁热全池泼洒，紧接着在中间沟中遍撒茶籽饼，以彻底清除野杂鱼和病原微生物，并可起到培肥水体作用。死亡的野杂鱼应及时捞出，以防污染水体。当水位淹没育苗池两边平台时，在每个平台上，每隔4~5米移栽一团伊乐藻，草团直径在20~30厘米；根据水草活棵情况，再逐渐加深水位。10月中旬，将水位加至最高水位，淹没所有洞穴，刺激所有抱卵(仔)虾从洞穴中出来，加水时需要在进水口套设网目为80目的双层筛绢过滤网袋，以防止野杂鱼顺水流进入育苗池。

## (六)育苗池保温

11月上旬，白天最高气温降为20℃以下，此时应在温棚钢架上铺设塑料薄膜，进行温棚保温。温棚在12月前可将育苗池水温保持在20℃左右；12月份以后，进入严寒阶段，此时温棚也可以保持育苗池水温在5℃以上。

## (七)虾苗培育

### 1.天然饲料培育

由于小龙虾性腺发育存在不同步性，育苗期间，在不同阶段都会有不同时期的幼苗，因此天然饲料培育需要贯穿整个育苗阶段，以为刚孵化出来的幼虾提供天然开口饲料。主要利用有益藻种和绿藻定向生物肥等培肥水体，根据水体肥度，每隔10~15天，先施用绿藻定向肥0.75~1千克，第二天每亩再泼洒小球藻种500~800毫升，使得水体水色呈草绿色，以培养小球藻、栅藻、硅藻、轮虫等天然饲料，并促进水草生长。水体透明度控制在25~40厘米。

### 2.虾苗投喂

12月底前育苗池加水后,每天夜晚应观察幼虾孵化情况。当发现大量米粒大小的幼虾附着在育苗池四周活动时,应每天上午8:00—9:00泼洒一次豆浆(每亩使用干黄豆1~2千克);每天下午5:00—7:00投喂虾蟹全价配合饲料(蛋白质含量为32%,粒径为2毫米)1~2千克。当发现虾苗体长为1厘米左右时,应采用虾蟹全价配合饲料破碎料和1#料(蛋白质含量为36%,粒径为1.0~1.6毫米)及发酵饲料按照1:1:1比例混合投喂,每天每亩投喂量为2~3千克;当虾苗体长为1.5~2厘米时,可投喂虾蟹全价配合饲料1#料和2#料(蛋白质含量为38%,粒径为2.0毫米),按照1:1比例混合投喂,每天每亩投喂量为3~4千克;当虾苗体长为2厘米以上时,投喂虾蟹全价配合饲料2#料,每天每亩投喂量为4~6千克,每天早晚各投喂1次,下午投喂量占全天的70%。设置食台,根据剩料情况来酌情增减投喂量。

### (八)水质调节

每天检测1次水体的酸碱度和溶解氧,每周检测1次育苗池藻种数量、活力以及氨氮、亚硝酸盐、硫化氢等理化指标,并依据相关指标,及时采取补水、换水、培肥、调水、改底等措施。在11月份之前,每隔5~7天换水1次,每次换水量为10%~20%;进入11月份后,选择晴好天气,每15~20天换水1次,每次换水量在5%~10%。10月份水温在20℃以上时,根据水体肥度,每隔10~15天,补充小球藻种和绿藻定向肥1次;水温低于20℃时,每隔15~20天,使用低温硅藻肥1次,以保持水体肥度。11月份之前,每隔15~20天,使用1次芽孢杆菌、光合细菌、EM菌等微生态制剂调节水质,并使用1次生物改底剂改良底质;进入11月份以后,定期使用过硫酸氢钾改底剂来氧化改善底质,以保持水体肥活嫩爽。

### (九)增氧设施使用

11月中旬前,气温仍较高,晴天中午可开启增氧机2小时,每天晚上11:00开机至第二天日出;遇闷热天气,应延长开机时间。进入12月份后,气温下降,每天清晨就开机至日出;气温低于10℃,可不开启增氧机。每天检测育苗池溶解氧，保持池水溶解氧在4毫克/升以上。

#### （十）小龙虾捕捞

翌年2月中下旬，虾苗规格在2厘米以上，开始使用网目尺寸为0.6厘米的密网眼虾笼或者抄网捕捞体长2厘米以上的虾苗出售，或分塘进行成虾养殖；越冬亲虾可直接上市销售，至4月中旬捕捞结束。同时可以去除温棚塑料薄膜，加深池水，进行商品虾养殖或后备亲虾培育。

## 四 稻田小龙虾“秋苗”繁育技术

本技术主要是选择适宜水稻品种、性腺发育好的亲虾，采取强化培育和环境胁迫诱导等方式，促进小龙虾性腺发育，稻田提前加水，借助9—11月适宜的水温环境，促进亲虾提前抱卵、孵化，快速培育虾苗。在10—11月，批量培育规格为160~240尾/千克的大规格秋繁虾苗，用于秋季虾苗放养，进行冬季养殖；开春后2—4月上市，可获得较高的市场售价和经济效益。

#### （一）稻田改造

稻田要求水源充沛清新。稻田改造要求同本章第三节“一、稻田小龙虾苗种繁育模式”相关内容一致。

#### （二）亲虾放养前准备

##### 1.清整消毒虾沟

每年5月初，清除虾沟过多淤泥，虾沟淤泥厚度以不超过15厘米为宜。虾沟水位保持在10~20厘米，选用生石灰、漂白粉、茶籽饼等进行清沟消毒。按虾沟面积计算，每亩使用块状生石灰75~100千克，或者漂白粉10~15千克，或者茶籽饼10~15千克。生石灰、漂白粉需要用水化浆后沿沟底、沟坡均匀泼洒，不要留死角，以彻底清除虾沟野杂鱼和病原微生物，同时改善底质和水质。

##### 2.水稻品种的选择与栽培

可选择抗倒伏、抗病、品质优良、生育期在130天以内的水稻品种。水稻栽培要求4月中下旬育秧，5月中下旬移栽秧苗，6月中下旬烤田、拔节，7月中下旬水稻孕穗、抽穗、齐穗，8月中下旬水稻成熟，9月上旬完成水稻收割。

### 3.水草移栽

在亲虾投放前15~20天，沿虾沟每15~20米移栽一团水花生，水花生直径2米左右，并利用竹竿和细绳固定，防止水花生随风漂移聚集；水花生移栽前需要使用浓度为10克/米$^3$的漂白粉水溶液浸泡10分钟，并洗净后移栽，以防止水草中鱼卵、鱼苗、鳝苗及寄生虫等进入育苗田。水草移栽后，在虾沟中适量抛撒生物肥，以培肥水体，促进水草生长，做到亲虾肥水下田，提高放养成活率。

## （三）亲虾选择与放养

6月上旬，水稻秧苗返青后，选择连续晴好天气进行亲虾放养。选择规格为30~40克、健康活泼、壳硬艳红、性腺发育良好的小龙虾作为亲虾，沿稻田虾沟四周浅水处均匀投放。经过运输的亲虾需要经过平衡水温、浸泡药液后再投放，新田每亩投放亲虾量为25~30千克，老虾田每亩补放亲虾10~15千克，雌雄比例为（1.2~1.5）∶1。

## （四）亲虾培育

亲虾投放后第2天开始进行强化培育，投喂小龙虾全价配合饲料（蛋白质含量为30%以上，粒径为2毫米）、黄豆、玉米等，黄豆、玉米要煮熟后投喂，日投饲率为1%~2%。每天下午5：00—7：00投喂1次，沿稻田虾沟斜坡浅水处均匀投喂。设置食台，根据摄食情况，酌情增减投喂量。夏季气温高于33℃时，小龙虾摄食行为减少，可以减少投喂饲料。

## （五）诱导繁殖

主要结合水稻两次烤田，排水诱导小龙虾进入洞穴交配、排卵、孵化。第一次在6月中下旬，水稻秧苗分蘖够苗后，逐渐将稻田水位降至虾沟，虾沟水位低于田面30~40厘米，露出田面进行烤田，诱导投放的亲虾进入洞穴交配；第二次在8月下旬，水稻收割前7~10天，逐渐排干田水和沟水，诱导亲虾进入洞穴排卵、孵化。9月上旬完成水稻收割，保留稻茬30~40厘米，并晒田7~10天，彻底移出稻田中秸秆。9月中旬逐渐向稻田注入新鲜水，当田面水位为5~10厘米时，在田面上移栽伊乐藻，在稻田中间每隔10米，利用旋耕机旋耕出水草种植道，每隔2~3米，移栽一团水草，每团水草直径在20~30厘米。进入9月下旬，将稻田水位加为淹没田面30~40厘米，并且淹没所有虾洞，以刺激抱卵（仔）虾出洞穴进入育苗稻田进行孵化、排苗。

### （六）虾苗培育

#### 1.投饲管理

9月至11月中旬，主要采取定期肥水、泼洒豆浆和投喂虾蟹全价配合饲料（蛋白质含量为36%）来强化虾苗培育。每隔7~10天，根据水体肥度，泼洒1次氨基酸肥水膏、黄腐酸钾等生物肥，以培肥水体，为幼体培育天然开口饲料。每天上午8:00—9:00全田泼洒1次豆浆（每亩干黄豆用量为1~2千克）。豆浆一方面可保持水体肥度，另一方面也可以为幼体提供部分人工饲料，可根据水体肥度，酌情增减豆浆使用量；每天下午5:00—7:00，投喂虾蟹全价配合饲料（蛋白质含量为36%）。9月下旬至10月上旬，投喂破碎料，每天投喂量为0.25~0.5千克。10月中下旬，将破碎料和1#料（粒径1.6毫米）按照1:1比例混合进行投喂，每天每亩投喂量为0.5~1千克。10月下旬至11月中旬，将1#料和2#料（粒径2.0毫米）按照1:1比例混合进行投喂，每天每亩投喂量为1~2千克，并在育苗田设置2~3个食台，根据剩料情况，酌情增减饲料投喂量。

#### 2.水质调节

稻田加水后，残余的秸秆腐烂易造成水质迅速恶化，在育苗田加水后1个月，要换水2~3次，并使用有机酸解毒剂1次，以解决红黑恶化水问题。10—11月，每隔10~15天换水1次，每次换水量为10%~20%；定期泼洒过硫酸氢钾复合盐底质改良剂，以改善底质，保持水体肥活嫩爽。

### （七）小龙虾捕捞

10月下旬，当虾苗规格为160~240尾/千克时，可利用网目尺寸为0.6厘米的密网眼虾笼捕捞虾苗进行分田养殖，或上市销售；11月中旬，逐渐将水位降至虾沟，强化捕捞虾苗；至11月底结束捕捞，并彻底排干田水，进行冻晒，为第二年养殖早虾做好准备。

## 五 虾苗运输

采用正确的包装和运输方式是虾苗放养成活率高的关键因素。4月中旬前，气温仍较低，可选用密封厢式货车作为虾苗运载工具；4月中旬后，气温逐渐上升，必须使用冷藏车或空调车进行运输，并控制车厢温度在15~20℃，在有条件的情况下，可安装喷淋系统。应使用专用虾筐来运装幼虾，其中体长在2厘米以下的虾苗，可采用规格为60厘米×40厘米×10厘米的青虾盒子装载运输，每盒包装重量为3~5千克；体长在2厘米以上的虾苗，可采用规格为61厘米×42厘米×15厘米的装虾筐装载运输，每筐内堆放虾苗高度不宜超过5厘米，包装重量为5~6.5千克。虾苗起捕后不上分拣台，直接装载运输，且运输时间控制在2小时以内，并将车厢内温度保持在15~20℃。

# 第三章 稻田小龙虾综合种养技术

我国幅员辽阔，稻田资源丰富，稻田浅水环境非常适宜小龙虾的繁殖和快速生长。稻田养殖小龙虾模式，具有稳定粮食生产、养殖成本低、风险小、效益好的优点，该模式一经推出，广受虾农青睐，发展速度很快，全国稻虾种养面积占小龙虾总养殖面积的80%以上。随着养殖技术的进步，稻虾种养模式逐渐向多元化方向发展，从最初的稻虾连作、稻虾共作逐渐发展出稻田小龙虾育养分离、稻虾鳖、稻虾蟹、稻虾鱼、一稻两虾等高效种养技术模式，并且均取得了较好的种植养殖效益。

## 第一节 稻虾连作技术

充分利用水稻种植和小龙虾生长特性，结合适宜的稻田工程（开挖虾沟、抬高田埂、设置小龙虾防逃设施等），合理统筹稻虾种养茬口。6—9月种植一季水稻，水稻收割后，10月至翌年5月，充分利用冬春季水稻种植空闲期，养殖一季小龙虾。通过稻虾连作，小龙虾为稻田施肥、中耕、除草，增加土壤有机质，消减稻田病虫害，实现化肥和农药的减量使用。在不影响水稻产量的情况下，既增加了稻田小龙虾的产量，又提升了稻米品质和质量安全，加大了农产品的市场竞争力，提高了农田经济效益和生态效益（图3-1）。

图3-1 稻田小龙虾养殖

## 一 稻田条件及工程改造

稻田要求邻近水源，且水源充沛、清新无污染，配备必要的道路和电力设施，以保障车辆（机械）通行和生产生活用电等。单块稻田面积有几亩到上百亩不等，应根据稻田地貌类型和单块稻田面积选择开挖环形沟、"U"形沟、"L"形沟、侧沟等。如平原地区面积为20~50亩的稻田，可开挖环形沟；丘陵地区5~15亩的稻田，可开挖"L"形或"U"形沟；山区1~5亩的稻田，可选择开挖"L"形沟或侧沟。具体的虾沟、田埂、管渠、滤网、防逃设施、防盗设施要求如下：

### 1.虾沟

沿稻田四周开挖虾沟，要求沟宽1~4米，沟深0.8~1.2米，沟坡比为1:1.2以上；虾沟面积占稻田总面积应控制在10%以内。

### 2.田埂

用挖沟的泥土加高、加宽稻田四周田埂，要求四周外埂宽为2~2.5米，内埂宽为1~1.5米，埂高出田面0.6~0.8米，坡比为1:1.2以上，田埂要用挖掘机碾压夯实，以防止坍塌。

#### 3.管渠

连片规模种养区进排水水渠要分开，单块田进排水口设置在稻田对角线上，可选用直径为20厘米以上的PVC管作为进排水管，进水管设置在田埂上，排水管设置在沟底，排水沟渠深度低于虾沟底端，以保障进水便捷、排水彻底。

#### 4.滤网

进水管在进水时套设80目的双层过滤筛绢网袋，网袋直径为30厘米，长为3~4米，以防止野杂鱼及其他敌害随水流进入稻田，与小龙虾争食、争氧，甚至伤害小龙虾；在排水口周围设置面积为1~2平方米的围网，并在排水口“L”形站管上套设20~40目的密眼网罩，以防止野杂鱼等逆水进入稻田。滤网应经常检查、清洗，发现破损要及时缝补或更换。

#### 5.防逃设施

在养殖区四周围埂外侧设置防逃设施，可选用聚乙烯网片加塑料薄膜(厚30丝以上)或者单用厚抗氧化塑料薄膜等光滑牢固的材料(市场可以直接购买成品)。防逃设施要与埂面垂直，拐弯处做成圆弧形，基部埋入土壤10~15厘米，上端高出埂面30~40厘米；每隔1~1.5米，使用铁棍、木棍或竹竿等加固防逃设施。

#### 6.防盗设施

紧贴防逃设施外围设置防盗设施，可选择铁丝网、围栏网、土工网格等坚固材料来设置防盗网。防盗网的高度在1.5~1.8米，且每隔4~5米，使用1根水泥柱或铁杆支撑加固。

## 二 虾苗放养前准备

### (一)清野消毒

稻虾连作技术模式，需要经常进排水，稍不注意野杂鱼就会随水流进入稻田，若不加控制，会导致稻田中野杂鱼泛滥成灾，野杂鱼与小龙虾争食、争空间、争氧气，泥鳅、黄鳝、鲫鱼、草鱼、鲤鱼等还会吞食幼虾，黑鱼、鲇鱼甚至捕食大规格虾苗和软壳虾，直接导致小龙虾生长缓慢，产量下降。为此，在小龙虾苗种放养前，必须彻底清除野杂鱼，给小龙虾生长提供一个安全、安静的环境，为小龙虾取得高产高效奠定基础。常用的清塘药品有生石灰、漂白粉、茶籽饼等。主要做法为：在稻虾种养的第一年，稻田中野杂鱼较少，仅有一定数量的野生泥鳅和黄鳝，可以在稻田翻耕时徒手捕捉即可。仅需按照稻田面积，先沟后田面每亩使用生石灰25~50千克，将生石灰用水溶化成浆后趁热全田泼洒，以平衡稻田土壤酸碱度，改良土质，增加水体钙质，去除农药残留等。在稻田养殖第二年，可以在水稻收割后，排干沟水暴晒虾沟来清除野杂鱼，若虾沟中有黑鱼等可钻入淤泥中的敌害鱼类，可以排水至虾沟水位为20~30厘米，每亩选用茶籽饼10千克和生石灰10千克，全沟遍撒，以杀灭黑鱼等敌害鱼类。

### （二）水草移栽与养护

#### 1.水草移栽

水草移栽是淡水小龙虾养殖中不可缺少的环节，水草除了可以为小龙虾提供饲料，还可以起到净化水质和成为虾苗蜕壳时的隐蔽物的作用。稻虾连作模式主要种植耐寒性伊乐藻，这种水草在冬天5℃以上即可萌发生长。9—10月，水稻收割后，首先在田面上每隔8~10米，利用旋耕机旋耕出一条宽2米左右的水草种植道；在稻田加水的同时，采取先沟后田面的顺序移栽伊乐藻，虾沟水位保持在20~30厘米，沿虾沟坡脚每隔7~10米移栽一团伊乐藻；当田面水位为5~10厘米时，在旋耕草道上，每隔4~5米，移栽一团伊乐藻，每团水草直径为20~30厘米，随着水草活棵，可逐渐加深水位，以促进水草生长。

#### 2.水草养护

水草养护非常重要，水草活力强，生态环境优良，小龙虾生长就快；水草活力差，甚至死亡，会产生二次污染，产生有毒有害物质，直接危害小龙虾，造成小龙虾暴发疾病，甚至大量死亡。伊乐藻活棵后，可根据其生长情况，适量使用草肥，以促进水草生长。4—5月，若伊乐藻疯长，便要及时打头，并保持草头在水面下20厘米，促进水草重新发芽生根。5—6月，若水草生长过密，需要及时疏密过多水草，控制水草覆盖面积为水面总面积的50%左右，防止水草过分密集导致底部缺氧烂根，产生氨氮、亚硝酸盐、硫化氢等有毒有害物质。割草和水草疏密后需要及时施用草肥、益草素等。若发现水草叶片上脏、卷曲，茎秆发黄，新根少等现象时，要及时换水，并泼洒增氧改底剂、芽孢杆菌等，以分解有机质；当观察到水草活力差时，就要及时补充壮根肥、益草素等，以促进水草的新陈代谢，恢复其活力。

### （三）虾苗放养

稻虾连作技术模式可采取放养虾苗或者放养亲虾的方式进行稻虾种养。3—5月上旬，当水草覆盖面积为水面总面积的30%~40%时，选择连续晴天，可以进行虾苗放养，每亩放养规格为160~240尾/千克的虾苗20~30千克，虾苗要求体色呈淡红色，健康活泼、无病无伤。7—8月，稻田第一次烤田并复水后，可补放个体规格为20~40克的种虾2.5~5千克，要求种虾壳硬艳红，活力强，无病无伤。小龙虾苗种以自己培育的为最佳，若需要外购，宜就近选购利用稻田或池塘自繁自育的苗种，严禁选购经长途运输、多次贩卖的幼虾、青壳虾等。经过运输的苗种，需要经过平衡水温、浸泡消毒后再放养，可有效提高成活率。

### （四）饲料投喂

虾苗投放后第2天进行少量投喂，并逐渐增加投喂量，以利于小龙虾快速恢复体质，增强免疫力，降低应激反应，并减少小龙虾对水草的夹食破坏，提高虾苗放养成活率。养殖过程中应采取饱食投喂，以促进小龙虾快速生长，尽早上市。

#### 1.饲料种类

以小龙虾专用全价配合饲料（蛋白质含量为30%~36%，粒径为2毫米）为主，搭配投喂黄豆、玉米、小麦、发酵饲料等。黄豆、玉米、小麦应煮熟后投喂。发酵饲料以发酵豆粕为主，发酵方法为：采用70%~80%的豆粕、

20%~30%的米糠和玉米粉、豆粕发酵剂、红糖，拌匀后与冷开水充分混合，以捏成团不滴水为准，将发酵饲料装入塑料桶或木桶中，一层一层压实，密封盛放，发酵10~15天。以豆粕发出甜香味为标准，即可进行投喂。

#### 2.投喂方法

小龙虾苗种投放后，应进行饲料投喂，可以按月份及气候，适当调整饲料种类和投喂量。3月份，投喂小龙虾全价配合饲料（蛋白质含量为34%，粒径1~2毫米），日投饲率为0.5%~1%，每天每亩投喂量为0.25~0.5千克，每天下午4:30—5:00投喂1次；4—5月，日投饲率为2%~4%，每亩每天投喂量为1~2千克，每天下午5:30—7:00投喂1次；6月份，日投饲率在2%左右，每天每亩投喂量为1~1.5千克，每天下午5:30—7:00投喂1次；7—8月为高温季节，水稻种植后，每隔2~3天，沿虾沟四周浅水处投喂黄豆、玉米，日投饲率为1%左右，每天下午6:00—7:00投喂1次，每天每亩投喂量为0.5~1千克，若气温高于33℃，小龙虾摄食量变少，可以减少投喂饲料；进入9月份，大多数稻田可进行干田收割准备，不需要投喂；10—11月中旬，稻田加水后，应根据水质情况，使用氨基酸肥水膏等生物肥培肥水体和培育天然饲料，并适量投喂豆浆、小颗粒饲料和发酵饲料，每天每亩投喂量为0.25~0.5千克，每天下午5:30—7:30投喂1次；11月下旬至翌年2月底，视水质情况，坚持培肥水体并保持水体肥度，在连续晴好天气，每周投喂颗粒饲料1~2次，每次每亩投喂颗粒饲料和发酵饲料0.5千克左右，当气温低于10℃时，小龙虾摄食量较少，可不投喂。每个虾田可设置2~3个食台，并根据剩料情况来酌情增减投喂量。另外，要关注小龙虾夹草情况，若出现夹草及水浑现象，可酌情增加投喂量；若水体变肥，应减少投喂量；还要根据小龙虾的捕捞量高低，酌情增减投喂量。水稻种植期，饲料应沿着虾沟四周投喂，其他季节，皆以全田均匀投喂为最佳。

### （五）水质调节

#### 1.水位调控

应根据不同月份来适当调控稻田水位，这样既能满足水稻生长，又可以促进小龙虾生长和繁殖。12月至翌年3月，保持田面水位在15~30厘米；4月份，虾苗放养后，逐渐加深水位为30~35厘米；5—6月，随着气温升高，将水位加深为60~70厘米；7—8月，可按水稻水浆管理调节水位；9月份，水稻收割前7~10天，降低水位至虾沟，也可直接排干沟水，诱导小龙虾进入洞穴交配、排卵，并彻底清除野杂鱼；10—11月，逐渐加水淹没田面15~30厘米，整个冬季可保持此水位不变。

#### 2.水质调节

9—10月中旬，水稻收割后，田面加水，此时容易发生秸秆快速腐烂导致水质恶化，变为红黑水，此阶段需要换水2~3次，将水体调为正常色；10月下旬至11月中旬，为抱卵（仔）虾孵化和幼苗排放期，此时需要利用氨基酸肥水膏等生物肥及豆浆等来培肥水体，并培育丰富的天然饲料，让虾苗可以摄食到优质的开口饲料，以提高成活率；11月下旬至翌年2月为小龙虾越冬期，此阶段仍然会有小龙虾幼体孵化出来，可根据水体肥度，适时使用氨基酸肥水膏、黄腐酸钾等来培肥水体；进入3月份之后，可采取施用腐殖酸钠和生物肥来培肥水体，防止滋生青苔；4月份，每隔10~15天，加水1次，并定期使用微生态制剂（EM菌、光合细菌等）来调节水质；5—6月，可根据水质情况，每隔10~15天换水1次，每次换水量为20%~50%，并使用芽孢杆菌等微生态制剂调节水质，交替使用过硫酸氢钾复合盐底质改良剂和生物改底剂来改善底质，以保持水体肥活嫩爽。

### （六）水稻品种选择与栽培

#### 1.水稻品种选择

可根据当地水稻种植习惯，选择生育期在135天以内、抗倒伏、耐肥、抗病强、品质好的优良水稻品种。

#### 2.施肥管理

常规水稻施肥策略为施用基肥、分蘖肥、穗肥和粒肥。

基肥：稻虾种养田上半年养殖小龙虾，由于大量小龙虾粪便、残饲及水稻烂叶等残留在稻田中，一般不需要施用基肥。

分蘖肥:水稻秧苗移栽10天后,可施用分蘖肥,包括尿素5千克和三元复合肥10~15千克,以促进水稻分蘖早生快发,增加有效分蘖,提高水稻成穗率。

穗肥:稻田烤田复水后至拔节初期,施用穗肥,每亩使用三元复合肥10~15千克,以促进枝梗和颖花分化,并可增加每穗颖花数。

粒肥:后期水稻齐穗灌浆期,可根据水稻生长情况适量施用粒肥,每亩施用磷酸二氢钾等叶面肥100克左右,既能保障水稻稳产稳收,又可实现化肥使用量减少50%以上。

### 3.水浆管理

稻虾共作的稻田水位管理方法为:水稻插秧时的水位控制在2~3厘米;插秧后要立即注水保秧苗返青,水位宜控制在4~6厘米;分蘖前期保持水位为2~3厘米,分蘖后期保持水位为3~5厘米;移栽后25~30天,分蘖够苗后,开始第一次烤田,时间为5~7天,以田面出现小裂缝、不陷脚为标准;当水稻叶色由浓绿色转为黄绿色时应立即保持水位为5~10厘米;拔节孕穗期、抽穗扬花期为水稻水分需求量最大的阶段,应提高水位为10~15厘米;灌浆成熟期,水稻需要适量水分和根部需要充分的氧气,应保持稻田呈干湿交替状态,以促进水稻灌浆,使谷粒饱满;水稻收割前7~10天应将田中积水彻底排干,并晒干田地,准备收割水稻;水稻收割后,可保留稻茬30~40厘米,并将秸秆全量还田。

### 4.病虫害防治

稻虾连作技术模式下,水稻感染疾病较少,根据天气进行科学防治即可。可选用苏云金杆菌类、康宽、阿维菌素等来防治稻卷叶螟、二化螟、稻飞虱、稻蓟马等虫害,选用井冈霉素、春雷霉素等来防治稻瘟病、稻曲病等。

水稻秧苗移栽前5~7天(6月中旬),每亩使用8 000单位的BT粉75克和5%井冈霉素可溶性粉剂100~150克,来防治稻田灰飞虱、稻螟虫和白叶枯病等。

分蘖末期至孕穗期(7月下旬至8月上旬),每亩使用康宽杀虫剂10毫升和5%井冈霉素可溶性粉剂100~150克,来防治稻飞虱、稻纵卷叶螟、纹枯病、稻瘟病等。

破口期至灌浆期(8月中下旬),每亩使用康宽杀虫剂10毫升和5%井冈霉素可溶性粉剂100~150克,来防治稻纵卷叶螟、二化螟、三化螟、稻飞虱、纹枯病、稻曲病、稻瘟病等。

严禁使用小龙虾极为敏感的有机磷、菊酯类的杀虫剂;噻嗪酮调节性杀虫剂对小龙虾蜕壳有抑制作用,也应慎用。

#### (七)小龙虾捕捞

民间谚语说:"虾越捕越多,越养越少。"3月中下旬至4月上旬,每亩设置地笼3~5条,利用网目尺寸为3.5厘米的大网眼地笼捕捞越冬虾上市;4月下旬至5月初,利用网目尺寸为3.5厘米的大网眼地笼捕捞规格在20克以上的商品虾上市,捕大留小;至6月中旬应强行结束小龙虾养殖,进入水稻种植期。捕捞期间每个虾笼捕捞量在2.5千克以上,必须及时捕捞;若每个虾笼捕捞量在1千克以下,可停捕一周,强化调水、投喂后再捕捞。捕捞后期,应逐渐降低水位,停喂,并强化捕捞,以提高产量。

## 第二节　平田小龙虾养殖技术

平田小龙虾养殖技术能保持稻田原貌,无须开挖虾沟,仅需稍微加高加固田埂,水稻种植面积没有任何减少,甚至通过小田变大田,去除中间小埂,还可以增加水稻种植面积。每年3月中旬至6月中下旬,利用空闲田养殖1~2茬小龙虾;6—11月,正常进行水稻种植,对水稻产量没有任何影响。平田小龙虾养殖可真正做到稻虾种养"不与人争粮、不与粮争地",实现稻田增产增效。

### 一　稻田选择

稻田应邻近水源,水质清新无污染,并远离污染源;面积不做要求,但以单块田面积不超过40亩为宜；土质以壤土为宜，含沙量不宜超过20%，要求保水保肥性好，田埂坚固结实不漏不渗，建有独立的进排水系统，排灌方便。

## 二 稻田工程

在水稻收割后，利用推土机就地取土、堆埂，利用挖掘机做埂，加高、加宽并夯实田埂，要求田面平整，田埂高度为50~80厘米，埂宽1.0~2.5米，田埂坡比在1:1.2以上（图3–2）。进水口设置在稻田一端的田埂上，排水口设置在稻田另一端的田埂底部，要求可彻底排干田水；利用密眼聚乙烯网片和塑料薄膜或单用厚塑料薄膜等材料在养殖田四周田埂外围构建高出田面30~40厘米的防逃设施，以防止小龙虾出逃。

图3–2　平田小龙虾养殖

## 三 虾苗放养前准备

### 1.稻田冻晒

10月份水稻收割后，冻晒稻田20~30天，然后旋耕稻田，再冻晒30天左右，彻底氧化底质和秸秆，以改善底质，去除稻田农药残留，增加土壤有机质等。

### 2.水草种植

翌年1—2月，将田面水位加深为5~10厘米，并按照行距8米、株距6米移栽伊乐藻，每团水草直径为20~30厘米；随着水草活棵，再逐步加深水位，同时适量施用草肥，促进水草快速生长。

## 四 虾苗投放

在人工养殖条件下，小龙虾生长速度较快，一般投放规格为160~240尾/千克的大规格虾苗，经过20~30天的精心饲养，即可达到上市规格。平田小龙虾养殖技术模式，在水稻栽插前，若合理安排茬口，可放养1~2次虾苗，养殖1~2茬小龙虾，能有效增加稻田利用率，增加稻田单位年产量。

### 1.虾苗质量

虾苗体色要求呈淡红色，体质健壮、规格整齐、无病无伤、附肢完整，规格在160~240尾/千克。

### 2.虾苗来源

虾苗以自繁自育虾苗为佳，外购虾苗运输时间应控制在2小时以内。

### 3.放养方法

进入3月份，当水草覆盖面积为30%~40%时，选择连续晴好天气，进行第一茬虾苗放养，每亩放养规格为160~240尾/千克虾苗20~25千克，精心养殖30天左右后，在4月中旬开始捕捞第一茬小龙虾上市，5月上旬可完成第一茬小龙虾养殖。对水草、水质进行彻底养护后，再补放第二茬虾苗，每亩补放规格为100~200尾/千克虾苗20~25千克，精心养殖20天左右，6月上旬开始捕捞第二茬虾上市，6月中下旬小龙虾养殖强行结束，随后进入水稻种植阶段。经过运输的虾苗，放养前需要在稻田水中浸泡1分钟左右，然后提起搁置3~5分钟，如此反复2~3次后，沿稻田四周浅水区及稻田中间水草较多的地方均匀投放，让其自行进入田间，栖息在水草下。

## 五 投饲管理

### 1.第一茬小龙虾投饲管理

第一茬小龙虾饲料投喂周期为3月至5月上旬。在虾苗投放后第2天开始投喂饲料，饲料可选择小龙虾全价配合饲料（蛋白质含量为30%~34%，粒径为2毫米），并根据天气、小龙虾摄食及生产阶段等，适当调整投喂量和投喂时间。3月份，日投饲率为1%左右，每天每亩投喂量为0.25~0.5千克；4月中旬前，日投饲率为2%~4%，每天每亩投喂量在1~2千克，尽量让小龙虾吃饱吃好；4月中下旬至5月上旬，开始捕捞小龙虾，日投饲率降为1%左右，每天每亩投喂量为1千克左右，通过减食增加捕捞量。每天下午5:30—7:00投喂1次，全田均匀投喂。

### 2.第二茬小龙虾投饲管理

5月中旬，第二茬小龙虾补放后开始强化投喂，投喂小龙虾全价颗粒饲料（蛋白质含量为30%~34%，粒径为2毫米）。其中5月中旬至6月上旬，日投饲率为2%~4%，每天每亩投喂量为1~2千克；6月中下旬，开始捕捞小龙虾上市，日投饲率为1%~2%，每天每亩投喂量为0.5~1千克。每天下午5:30—7:00投喂1次，全田均匀投喂。

### 3.投喂量调整

每块田设置2~3个食台，第二天早晨检查食台的剩料情况：若饲料有剩余，可适当减少投喂量；若吃完了，需要适当增加投喂量。并要根据小龙虾有无夹草、水体浑浊度、小龙虾捕捞量等情况，来酌情增减投喂量。

## 六 水稻品种选择与栽培

宜选择茎秆粗壮、分蘖力强、抗倒伏、抗病、丰产性能好、品质优，适宜当地种植的杂交中稻品种。5月中下旬播种育秧，6月中下旬进行机插秧、抛秧或人工移栽秧苗，其中机插秧和抛秧适当推迟，尽量为小龙虾养殖争取生长时间，以利于提高小龙虾养殖产量，增产增效。稻田通过两茬小龙虾养殖后，粪便、残料、枯枝烂叶、水草等留存在稻田中，旋耕后可有效增加稻田有机质，土壤较肥，一般不需要施用基肥；水稻秧苗返青后，每亩稻田可施用尿素5千克和复合肥10~15千克作为分蘖肥，促进秧苗分蘖；水稻拔节后，每亩可施用复合肥10~15千克作为穗肥；水稻齐穗至灌浆期，可根据水稻生长情况，注意施用叶面肥，以促进水稻生长和稻粒饱满。在水稻收割前7~10天，逐渐排干田水，10—11月完成水稻收割，留稻茬10厘米左右，秸秆粉碎后全量还田。

## 七 水质调控

### 1.水位控制

根据季节变化和水温高低来调控水位：1—2月上旬水草移栽后，保持田面水位为5~10厘米；2月中下旬，逐步加深水位为15~20厘米，以促进水草生长；3月份，虾苗放养后，逐渐将水位加深为20~30厘米；4月份，逐渐将水位加深为30~40厘米；5—6月，逐渐将水位加深为50~70厘米。在每茬小龙虾捕捞后期，可适当降低水位以增加捕捞量。

### 2.水质调节

3月份，主要采用泼洒腐殖酸钠和肥水等方式，防止青苔滋生暴发，促进水草生长；4月份，每隔10~15天，加新鲜水并保持水位为5~10厘米；5—6月，每隔7~10天，换水1次，每次换水量为20%~50%，换水后，全田泼洒芽孢杆菌、EM菌、光合细菌、乳酸菌等微生态制剂来调节水质。若水质较差，全田交替使用过硫酸氢钾复合盐或生物型底质改底剂进行氧化或生物改底。水草的优劣与水质好坏是相辅相成的，若水草凋谢，水质必然变差；水草活力好，净化水质能力强，水质必然优良。在实际生产过程中，4—5月上中旬，若伊乐藻露出水面，在阳光照射下，伊乐藻会开花结果，营养株会老化衰败，甚至死亡，此时当伊乐藻即将露出水面时，需要及时加水，或及时打头，保持水草头在水面下20厘米；5月下旬，需要根据水草生长情况及时疏密，控制水草覆盖面积在50%左右。打头和疏密后，水草植株会受到伤害，需要及时施用草肥，以促进水草重新生根发芽，防止水草缺乏营养死亡腐烂，导致水质恶化等情况发生。

### 八 疾病预防

平田小龙虾养殖，主要通过在冬季充分冻晒来改善底质；通过旋耕稻茬秸秆，可有效防止翌年气温上升后，水质因秸秆腐烂而快速恶化，引发五月瘟等疾病发生；通过定期换水，使用微生态制剂、氧化改底、生物改底，来维护底质和水质良好，保持优良的生态环境，以预防疾病发生。进入4月份后，每隔7~10天，连续拌喂乳酸菌5~7天，以保持小龙虾肝肠健康；做好水草养护，保持水草活性，防止水草死亡腐烂导致水质恶化，避免小龙虾病害的发生。小龙虾养殖20~30天后，应及时捕捞，降低密度，以减少小龙虾互相残杀和疾病传播等。

### 九 小龙虾捕捞

每茬放养的小龙虾经过精心饲养20~30天后，可选用网目尺寸为3.5厘米的虾笼，及时捕捞规格在20克以上的虾上市，没达到商品规格的小龙虾可以自由出入虾笼，进入稻田继续养殖。在每茬小龙虾养殖捕捞后期，可以适当降低水位，并减少投喂量，以提高捕捞量，有效增加养殖产量和经济效益。

## 第三节　稻田小龙虾繁养分离技术

针对稻虾繁养一体化传统模式存在养殖成本高、虾苗密度难控制、产量不稳定，商品虾规格小、品质差、市场滞销等缺陷，相关专业人员通过研究实践，建立了稻田小龙虾繁养分离技术模式。通过设置一定比例的稻田专门进行小龙虾苗种繁育，为小龙虾养殖田提供稳定、可靠的苗种来源，实现精准育苗，精准放养，密度可控，且可有效降低冬季育苗成本、养殖投饲成本、管理成本等。专田养殖的小龙虾生长速度快，水质水草可控，减少了饲料盲目投入，可有效提高小龙虾规格、品质和养殖产量，符合未来市场对大规格品质虾的需求。养殖大规格品质虾，可提高市场价格，提升产品市场竞争力，增加单位稻田产量和经济效益。该技术模式广受虾农青睐，在国内小龙虾主产区得到广泛应用推广。

## 一 设置繁育田和养殖田

繁育田和养殖田配置比例为1:(2.5~4)。繁育田和养殖田皆要求通水、通路、通电，并保持水源清新、充沛，远离污染源，排灌方便，不易被洪水淹没，土质以壤土为宜，保水保肥性好。繁育田要开挖虾沟，虾沟面积控制在虾田总面积的10%以内，以便于在稻田烤田、施肥、用药时，为种虾提供暂养场所。养殖田可以开挖虾沟，进行传统有沟养殖；也可以不开挖虾沟，进行平田养殖。

## 二 水稻品种选择与栽培

### 1.繁育田

水稻品种生育期要在130天以内，且具有抗倒伏、耐肥特性。栽培方式以人工移栽、机插秧、抛秧为主。要在6月10日前完成机插秧或抛秧；6月20日前完成人工移栽秧苗；7月中下旬水稻分蘖、拔节；8月上中旬水稻孕穗、扬花、齐穗；9月上中旬水稻成熟；9月下旬至10月初完成水稻收割；10月15日前完成稻田加水，进入小龙虾育苗阶段。

### 2.养殖田

养殖田对水稻品种生育期以及栽种方式没有严格要求，主要根据水稻品种的特性，安排好水稻播种育秧、移栽和田间管理等；其中直播栽种方式，应在6月20日前完成播种；机插秧和抛秧尽量安排在6月下旬完成秧苗移栽；人工移栽方式，尽量安排在7月上旬完成秧苗移栽。在不影响水稻产量的前提下，尽量延后水稻种植时间，为小龙虾养殖赢得更多时间，以延长养殖和捕捞时间，提高养殖产量和经济效益。

## 三 清沟消毒

### 1.繁育田

可结合稻田两次烤田，利用茶籽饼和生石灰进行清野。在水稻秧苗分蘖结束后，进行第一次烤田（7月下旬至8月上旬），将水位降为30~40厘米，虾沟每亩遍撒茶籽饼10~12.5千克，彻底杀灭野杂鱼，为亲虾培育提供一个安全、安静的环境；9月中下旬，水稻收割前7~10天，进行稻田第二次烤田，排干田水和沟水，并彻底暴晒，以完全清除野杂鱼和其他敌害等。

### 2.养殖田

可在10月份水稻收割后，利用生石灰彻底清沟消毒。有虾沟田，每亩虾沟使用生石灰75~100千克，将生石灰用水溶化成浆后趁热全沟泼洒，然后彻底排干沟水，冻晒虾田60天以上，以改善底质，彻底清除野杂鱼，为小龙虾生长提供一个安全、安静的环境。平田养殖，可直接排干田水，清除野杂鱼类等。

## 四 水草移栽

### 1.繁育田

6—7月，在种虾放养前10~15天，沿虾沟移栽水花生，每隔15~20米，移栽一团水花生（直径2米左右）；水稻收割后，将育苗田虾沟加水至水位为20~30厘米，沿沟水花生之间增加移栽一团伊乐藻；在水位淹没田面5~10厘米时，按照行距10米、株距4米移栽伊乐藻，每团伊乐藻直径为20~30厘米，随着水草活棵，逐渐加深水位为15~30厘米。

### 2.养殖田

水稻收割并经过充分冻晒稻田后，1—2月，选种伊乐藻，先虾沟后平台，虾沟每隔7~10米种植一团伊乐藻；保持田面水位为5~10厘米，按照行距10米、株距4米移栽一团伊乐藻，每团伊乐藻直径为20~30厘米；随着水草活棵,逐渐加深稻田水位为20~30厘米,以促进水草生长。

## 五 种虾和虾苗放养

### 1.繁育田

6—8月,新虾田每亩放养壳硬艳红、健康活泼,规格为20~40克的种虾40~60千克;老虾田每亩补放种虾10~15千克,保证每亩虾田种虾量为40~60千克即可。

### 2.养殖田

合理安排养殖茬口,在水稻种植之前,养殖田可以养殖2~3茬小龙虾。其中,3月份养殖第1茬,每亩放养规格为160~240尾/千克的虾苗15~20千克;5月上旬补放第2茬虾苗,每亩补放规格为100~200尾/千克的虾苗20~25千克;6~7月,水稻秧苗返青后,若稻田开挖有环形沟,可补放第3茬虾苗,每亩放养规格为60~100尾/千克的虾苗30~40千克。

## 六 繁育和养殖时间管理

合理的时间安排是本养殖技术的重点,也是小龙虾在稻田中实现繁养分离的关键,主要安排如下:

6月至7月:繁育田投放规格为20~40克的种虾,水稻分蘖完成后第1次烤田,第1次清除野杂鱼。

9月下旬至10月上旬:繁育田水稻收割后,进行晒田、消毒,完成第2次清除野杂鱼。

9月底至10月上旬:繁育田进水,诱导抱卵(仔)虾出洞穴,进入稻田孵化或排苗,同时移栽伊乐藻。

10月至11月中旬:繁育田虾苗进行强化培育。

10月至11月上旬:养殖田水稻收割后,进行晒田、消毒,清除野杂鱼。

12月至翌年2月:对繁育田进行冬季、早春肥水管理,在晴好天气,适量投喂饲料。

11月下旬至翌年1月上旬：养殖田旋耕、冻晒。

1月中旬至2月中旬：养殖田上水淹田，同时移栽伊乐藻。

3月上中旬至5月初：繁育田捕捞虾苗，放入养殖田，并将越冬种虾捕捞上市销售。

5月上旬至6月中旬：将繁育田商品虾强化养殖并捕捞完毕。

3月至7月上旬：养殖田小龙虾强化投喂，并将商品虾捕捞上市。

5月中旬：繁育田水稻秧苗育秧。

6月中旬：养殖田水稻秧苗育秧。

6月中旬：繁育田小龙虾全部捕捞结束，进行水稻插秧。

7月初：养殖田小龙虾全部捕捞结束，进行水稻插秧。

7月至10月下旬：进行各田块水稻生产管理，养殖田稻虾共作，进行小龙虾投喂、捕捞。

## 七 饲养管理

### 1.繁育田

种虾投放后第2天开始投喂饲料。6—8月，交替投喂小龙虾全价配合饲料（蛋白质含量为32%，粒径为2毫米）和黄豆、玉米，日投饲率为1%~2%；8月上旬至稻田排水，投喂虾蟹全价配合饲料（蛋白质含量为36%，粒径为2毫米），日投饲率为1%。设置食台，检查剩料，并酌情增减投喂量。每天下午6：00—7：00投喂1次，沿虾沟浅水处均匀投喂。10—11月中旬，保持水位为15~30厘米，并定期肥水培育天然饲料，每天投喂豆浆、虾蟹全价配合饲料（蛋白质含量为36%，粒径为1毫米）、发酵饲料，每天每亩投喂量为0.5~1千克；12月至翌年2月底，每周选择晴好天气，投喂1~3次饲料，气温低于10℃可不投喂；3月上旬，每天每亩投喂虾蟹全价配合饲料（蛋白质含量为36%，粒径为2毫米），每天每亩投喂量为0.5~1千克，以后每周每亩增加投喂量0.25~0.5千克，并设置食台，根据剩料来酌情增减投喂量。

### 2.养殖田

3—6月，投喂小龙虾全价配合饲料（蛋白质含量为30%~34%，粒径为2~3毫米）。其中，3月份日投饲率为1%，每天每亩投喂量为0.5~1千克；4—6月，日投饲率为2%~4%，每天每亩投喂量为1~2千克，每天下午5:30—7:00投喂1次，全田均匀投喂；7—9月，主要投喂煮熟的黄豆、玉米，每2~3天投喂1次，每日投饲率为1%~2%，每天每亩投喂量为0.5~1千克，每天下午5:30—7:00投喂1次，沿虾沟浅水处均匀投喂。设置食台，根据剩料情况来酌情增减投喂量。

## 八 水质调控

### 1.繁育田

水稻收割7~10天后，逐渐加水淹没田面15~30厘米，整个冬季保持此水位。稻茬田加水7~10天后，水稻秸秆腐烂，水质快速恶化，变为酱油色红黑水，需要换水2~3次，使水体清爽。2月中下旬，逐渐加深水位为30~40厘米。3月中下旬，将田面水位降为15~20厘米，以提高水体积温，促进虾苗生长。4—6月，逐渐加深水位为40~50厘米。7—10月，根据水稻水浆管理调节水位。

### 2.养殖田

3—4月，每隔2~3天，加水1次，每次加深水位5~10厘米，若水体较瘦，每亩可追施生物肥1~1.5千克。进入5月份后，每隔7~10天换水1次，每次换水量为20%~50%，并泼洒EM菌、芽孢杆菌等微生态制剂来调节水质。若水质恶化，需要利用过硫酸氢钾复合盐底质改良剂改善底质，泼洒有机酸解毒剂解除水体毒素，再泼洒微生态制剂，来恢复水体生态环境，保持水体肥活嫩爽。

### 3.水草养护

水质好坏与水草活力强弱密切相关，水草养护不好，会造成水草老化死亡，不但不能净化水质，还会造成水体二次污染。需要根据水草生长情况及时进行养护。4—5月上中旬，若水草头有露出水面趋势，需要及时打头。5月下旬，若伊乐藻疯长，需要及时疏密，形成水草空当区，防止水草连片封田，水草覆盖面积控制在50%左右。水草打头、疏密后，应及时施用草肥，促进水草重新发芽，保持水草活力，以有效发挥水草改善底质、净化水质的作用。

## 九 小龙虾捕捞

### 1.繁育田

3月份，根据虾苗规格及捕捞量，适时尽早开始捕捞虾苗，每亩设置网目尺寸为0.6厘米虾笼5条以上，及时捕捞规格为160~240尾/千克的虾苗，投放于养殖田进行商品虾养殖，同时将捕捞的繁育后亲虾直接上市。至5月初，结束虾苗捕捞，加深水位，进行商品虾养殖。6月上中旬强行结束小龙虾繁育，进行水稻种植。

### 2.养殖田

第1茬小龙虾在4月中下旬开始捕捞，5月10日前强行结束；第2茬小龙虾在6月初开始捕捞，6月下旬至7月初结束；第3茬小龙虾在7月下旬至8月上旬开始捕捞，可捕捞到年底，尽量减少养殖田小龙虾数量。

# 第四节 稻虾鱼种养技术

稻虾鱼种养技术模式是在稻虾综合种养的基础上，通过茬口合理安排，充分利用稻田时空资源，发挥稻田水体肥、小型野杂鱼多等优势，套养鲢鳙鱼和鳜鱼，在不增加任何饲料投喂的条件下，通过鲢鳙鱼摄食浮游生物，鳜鱼摄食小型低值野杂鱼的习性，将浮游生物及低值野杂鱼转化为具有较高经济价值的鱼类，且可净化水质，增加鲢鳙鱼和鳜鱼产量，提高稻虾鱼种养田产出和经济效益(图3-3)。

图3-3　稻虾鱼种养田

## 一 稻田工程

稻田面积不做要求，以20~30亩为佳。为了给鱼类提供较多活动空间，开展稻虾鱼综合种养的稻田，需要根据地形地貌，开挖环形、“U”形、“L”形或“一”字形虾沟，要求沟宽2.5~4米，深1.2~1.5米。利用挖沟的泥土做埂，要求埂宽1.5~2米，高0.8~1米，沟埂坡比皆为1:1.2以上。在虾田的排水口附近开挖一个面积为5~10平方米、深1.5米的集鱼坑，以方便集聚和捕捞鱼类。虾沟和集鱼坑面积占稻田的总面积要控制在10%以内。应建有完善的进排水系统，并在养殖区外围建高30~40厘米的防逃设施。

## 二 鱼虾苗放养前准备

### 1.清沟消毒

11—12月，商品鱼捕捞结束后，彻底排干沟和坑水，清除过多淤泥，将淤泥抛撒在田面上，以增加田面肥力，同时利用生石灰彻底清沟、清坑和消毒，按照沟坑面积计算，每亩使用生石灰75~100千克，将生石灰用水溶化成浆后趁热全沟、全坑泼洒，然后彻底排干沟水和坑水，暴晒虾田60天以上，以彻底清除野杂鱼，改善底质，为小龙虾和鱼类生长提供一个安全、安静的环境。

**2.水草移栽**

1—2月，选种伊乐藻，先沟后平台，虾沟每隔7~10米种植一团伊乐藻；稻田水位为5~10厘米时，按照行距10米、株距4米移栽一团水草，每团伊乐藻直径为20~30厘米；3月份，若水草长势不好，可适当补栽伊乐藻；4—6月，若水草疯长，需要适时进行打头、疏密，控制水草覆盖面积在50%左右，且使水草呈分散分布，有水草空当区。

## 三 鱼虾苗放养

**1.鲢鳙鱼苗放养**

2—3月，水草移栽后，选择气温在5℃以上的晴天上午，每亩稻田放养规格为2尾/千克的鲢鳙鱼苗15~20尾。为了充分提高经济效益，可多放养鳙鱼苗，鲢鳙鱼苗比例为1:4较佳。先利用3%左右的食盐水浸泡消毒3~5分钟，再投放鱼苗于虾沟或鱼坑中。

**2.虾苗投放**

3—5月上旬，将水位加深为淹没田面20~30厘米，水草覆盖面积为30%~40%，选择晴天早晨，放养规格为160~240尾/千克、健康活泼、无病无伤的虾苗，每亩放养25~30千克，沿稻田中间浅水、水草边均匀投放。经过运输的虾苗需要进行平衡水温、浸泡消毒药液后再放养。

**3.鳜鱼苗放养**

6月上中旬，强行结束小龙虾养殖，待水稻移栽完成、虾沟水体清爽后，在虾沟中放养鲮鱼苗，每亩放养1万尾左右，作为鳜鱼苗开口饲料；鲮鱼苗放养后，可以进行鳜鱼苗放养，每亩放养规格3~5厘米的鳜鱼苗5~10尾；鱼苗放养前需要使用浓度为3%的食盐水浸泡消毒3~5分钟后再放养。

## 四 饲料投喂

虾苗投放后第2天开始投喂小龙虾全价颗粒配合饲料(蛋白质含量为30%~34%)。3月份,日投饲率为1%,每天每亩投喂量为0.25~0.5千克;4—6月,日投饲率为2%~4%,每天每亩投喂量为1~2千克。每天下午5:30—7:00投喂1次,并设置食台,根据剩料情况,酌情增减投喂量。在小龙虾养殖过程中,大量排泄物及剩料进入水体,随着气温上升,水体逐渐变肥,稻田中含有丰富的浮游生物,鲢鳙鱼摄食虾田中丰富的浮游生物,无须另外投喂饲料,且可净化水质;鳜鱼主要摄食虾田中投放的鲮鱼苗和小型野杂鱼类,也无须另外投喂饲料。

## 五 水稻品种的选择与栽培

水稻品种宜选择生育期在135天以上的杂交中稻品种，要在6月上中旬进行机插秧或人工移栽秧苗,每亩栽1.4万~1.5万穴。6月中下旬水稻秧苗返青,可为鳜鱼苗提供较好的生长环境,提高鳜鱼苗放养成活率;7月上中旬水稻分蘖、拔节;8月中下旬水稻孕穗、扬花、齐穗;9月份水稻灌浆、成熟;10月中下旬水稻收割完毕,应保证稻田有足够的水面,以促进鱼类快速生长。

## 六 小龙虾捕捞

小龙虾养殖20~30天后，利用网目尺寸为3.5厘米的大眼地笼捕捞商品虾上市,捕大留小,直到6月上中旬强行结束小龙虾养殖。10—11月,随着气温下降,逐步降低水位至集鱼坑,捕捞规格为1.5千克以上的鲢鳙鱼和规格为0.4千克以上的鳜鱼上市销售,没有达到上市规格的可投放于暂养池继续养殖。同时进行稻田清整、消毒、冻晒等,为翌年稻虾鱼综合种养做好准备。

## 第五节　稻虾鳖绿色共生技术

稻虾鳖绿色共生技术模式是利用水稻、小龙虾及中华鳖的生物学特性，充分利用稻田立体时空资源，辅助一定的稻田工程改造，合理安排稻虾鳖茬口建立的一种立体种植养殖结合的生态系统。此系统在不影响水稻种植的基础上，在水稻种植前养殖一季小龙虾，实行稻虾连作；水稻种植中养殖一季中华鳖，实行稻鳖共生，实现稻虾鳖互利共生。利用稻前空闲期，养殖一季小龙虾，可为水稻提供基肥。水稻种植后，通过中华鳖摄食稻田中残存的小龙虾和害虫卵、虫体，能有效控制小龙虾密度，既可减少病虫害发生，又可为水稻追肥，减少化肥及农药使用量，增加稻田资源利用率，提高稻田农产品的多样化和产出量，还可提升农产品质量和市场价格，实现稻田经济效益的大幅度提升(图3–4)。

图3–4　稻虾鳖共生田

## 一 稻田工程

### 1.鳖沟类型

可根据稻田地貌特征和单块稻田面积，开挖环沟型、坑塘型或“边沟+坑塘”型鳖沟，鳖沟、鳖坑总面积应控制在稻田总面积的10%以内，具体实施如下：

（1）环沟型。稻田面积在20亩以上，沿稻田四周开挖环形沟，沟宽3~4米，深1~1.5米，坡比在1∶1.2以上，埂宽1.5米以上，埂高0.8~1米；在稻田一边设置一条宽3~5米的机耕道，以方便机械和运输车辆通行。

（2）坑塘型。稻田面积在5亩以下，在稻田靠进水口的田角处或一侧，开挖矩形坑塘，坑塘面积在50~300平方米，深度为1~1.5米，坑塘埂高出稻田平面10~20厘米。

（3）“边沟+坑塘”型。稻田面积在5~20亩，可采取边沟和坑塘结合型。坑塘为矩形，建在田埂边，深度为1~1.5 米；沿稻田四周开挖宽1~2米、深0.6~0.8米的环形、“U”形、“L”形或者“一”字形边沟，与坑塘两端相通。开挖环形沟的要在稻田一边设置机耕道，以方便机械和运输车辆通行。

### 2.防逃防盗设施

沿田埂四周设置防逃设施，防逃材料可选用钢化玻璃板、彩钢板、镀锌板等紧固耐用的材料，其下端埋入土壤中30~40厘米并夯实，防逃墙要与埂面垂直，上端高出埂面50~60厘米，在防逃墙上端设置宽为15~20厘米的倒沿，与防逃墙呈“7”字形，每隔0.8~1米用不锈钢细管或铁棍支撑，接头处不留缝隙，四角及拐弯处做成弧形。并在养殖场外围设置防逃防盗围栏，围栏底端埋入土壤内30~40厘米，高出埂面1.2~1.5米。设置防中华鳖逃逸两道防线，并可以防止外人闯入偷盗中华鳖。

### 3.食台及晒背台

沿稻田鳖沟或坑塘设置食台兼晒背台，沿鳖沟四周及塘坑，在向阳沟坡处每隔20米左右设置一个食台，采用无节聚乙烯网片（网目30目）、木板或水泥板等材料搭建，食台宽60~100厘米，长180~300厘米，食台长边一端搁在沟坑埂上，另一端没入水中10~15厘米，食台与水面呈15°角。

#### 4.进排水系统

进水口和排水口应呈对角设置。在稻田一端设置进水渠，进水口建在田埂上；在稻田的另一端设置排水渠，排水口建在鳖沟最低处，高于排水渠底端。使用PVC站管控制水位。排水口要用铁丝网或栅栏围住，进水口加设80目双层筛绢网袋，防止野杂鱼及鱼卵进入稻田；在排水口的“L”形站管上加设20~40目密眼网罩，以防止虾、鳖逃逸和野杂鱼进入稻田。

### 二 虾苗放养前准备

#### 1.清整消毒

11—12月，商品鳖捕捞结束后，彻底清沟消毒，清除鳖沟过多淤泥，保留淤泥厚度在15厘米左右，每亩使用75~100千克生石灰彻底清田消毒，鳖沟留水10~20厘米深，将生石灰用水溶化成浆后全沟、全坑均匀泼洒，不留死角，以彻底清除野杂鱼和病原微生物，并改善沟坑底质，增加水体钙质含量等。同时，利用生石灰刺激留存在底泥中的中华鳖，将鳖尽量捕捞干净，为第二年上半年小龙虾养殖做好准备，减少中华鳖对小龙虾的伤害。然后彻底排干沟水，将稻田冻晒60天以上。

#### 2.水草移栽

1—2月，采取先沟后田面的顺序移栽伊乐藻。将沟中加水深为10~20厘米，每隔7~10米移栽一团伊乐藻；待沟中水草活棵后，逐渐将水位加为淹没田面5~10厘米，田面按照行距10米、株距4米移栽伊乐藻，每团水草直径为20~30厘米。伊乐藻移栽后，根据水草生长情况，可施用适量草肥、复合肥和磷肥来促进水草生长。

#### 3.培肥水体

3月上中旬，虾苗投放前7~10天，每亩使用1.0~1.5千克氨基酸肥水膏等来培肥水体，并控制水体透明度在30~40厘米，做到虾苗肥水下田，提高放养成活率。

## 三 稻虾鳖茬口安排

3月中下旬至5月底，在水稻秧苗移栽前，养殖一季小龙虾；6月初移栽水稻秧苗；6月中旬，水稻秧苗移栽15天后，投放幼鳖；6月下旬至10月上旬进行稻鳖共作；10月上旬收割水稻，水稻收割完毕后，尽快进行草道旋耕；进入11月份后，捕捞商品鳖；12月份进行稻田清整、消毒、冻晒等。

## 四 小龙虾养殖

### 1.虾苗投放

3—4月，保持水草覆盖稻田面积为30%~40%，选择晴天早晨，每亩放养规格为160~240尾/千克的虾苗25~30千克；经过运输的虾苗，需要平衡水温、浸泡消毒药液后再投放，沿稻田四周及田面浅水处均匀投放。

### 2.饲料投喂

虾苗投放后第2天开始投喂小龙虾专用配合颗粒饲料（蛋白质含量为30%~34%，粒径为2~3毫米）。3月份，日投饲率为1%，每天每亩投喂量为0.25~0.5千克；进入4月份以后，日投饲率为2%~4%，每天每亩投喂量为1~2千克。每天下午5:30—7:00投喂1次，全田均匀投喂。设置食台，根据小龙虾摄食情况，酌情增减投喂量。

### 3.水质调节

3月份，保持稻田水位为20~30厘米，并根据水体肥瘦情况，适时施用氨基酸肥水膏等来培肥水体，以促进水草生长；4月份，保持稻田水位为30~35厘米，每隔10~15天，泼洒氨基酸肥水膏和EM菌制剂1次，每次每亩使用氨基酸肥水膏1~1.5千克、EM菌1~1.5千克，调节水质；进入5月份后，保持水位为40~50厘米，每隔10~15天，换水20%~50%，并泼洒芽孢杆菌、光合细菌制剂1次。若水质恶化，需要泼洒过硫酸氢钾复合盐改底剂和有机酸解毒，以改善底质，去除水体毒素，保持水质良好。

**4.水草养护**

4—5月，气温上升，水草生长迅速，若水草头快要露出水面，需要及时打头，并保持水草头在水下20厘米；5月中下旬后，若水草疯长，要及时疏密，将水草覆盖面积控制在50%以内。水草打头和疏密后，需要及时施用草肥，促进水草重新生根发芽，以增强水草活力和净水能力，改善养殖生态环境。

**5.小龙虾捕捞**

虾苗投放后20~30天，开始设置网目尺寸为3.5厘米的地笼，在田面上设置10米以上的大地笼，在田面四周设置4米左右的小地笼，每亩配备大地笼2个以上和小地笼3个以上，捕大留小，将20克以上的商品虾全部捕捞上市；5月底，在水稻种植前，逐渐降低水位，强化小龙虾捕捞，5月底强行结束小龙虾养殖，进行水稻秧苗移栽。

## 五 水稻种植

宜选择茎秆粗壮、分蘖力强、抗倒伏、抗病、丰产性能好、品质优、生育期在135天以内、适宜当地种植的杂交中稻品种。水稻要求4月底至5月上旬播种育秧，5月中下旬进行机插秧或人工移栽秧苗，排水并保持田面水位为2~3厘米，进行田面旋耕、压草、平田，按照株距30厘米、行距20厘米移栽水稻秧苗，每栽秧苗20行为一个条块，条块与条块间留40~50厘米的间隔，以方便中华鳖自由出入稻田。稻田经过小龙虾养殖后，土壤较肥，一般不需要施用基肥，水稻秧苗返青后，每亩可施用尿素5千克和三元复合肥10~15千克作为水稻分蘖肥，以促进秧苗分蘖；水稻拔节初期，每亩可施用三元复合肥10~15千克作为穗肥；水稻齐穗至灌浆期，要注意施用叶面肥，以促进水稻生长和稻粒饱满。水稻收割前7~10天，逐渐排干田水，诱导中华鳖进入坑沟；10月上旬完成水稻收割，收割时保留稻茬10厘米左右，将秸秆粉碎后全量还田，并尽快进行草道旋耕。

## 六 中华鳖养殖

### 1.水草处理

在移栽水稻秧苗的同时，要彻底清除虾沟中的伊乐藻，虾沟每亩使用生石灰10~15千克，将生石灰用水溶化成浆后趁热全沟泼洒，以提高水体透明度，并可杀灭部分病原微生物。

### 2.幼鳖放养

6月中下旬，水稻秧苗移栽后10~15天，每亩放养规格为400~500克/只的幼鳖100~200只，鳖种放养前先使用浓度为30克/米$^3$的聚维酮碘（含有效碘1%）或者浓度为20克/米$^3$的高锰酸钾溶液浸浴5~10分钟，再沿稻田四周均匀投放于浅水处，让其自行爬入稻田中。

### 3.饲料投喂

幼鳖投放后第3天开始投喂饲料，每天早、晚各投喂1次，早晨8:00—9:00投喂，一般投喂切成蚕豆大小的鱼块；下午5:00–6:00投喂鳖专用配合饲料（蛋白质含量为45%），将配合饲料捏成团状或者利用机械将饲料制作成圆柱形进行投喂。以下午投喂为主，下午的投喂量占全天的70%。饲料投喂在食台上接近水面（不要将饲料没入水中）的位置，并根据季节调整投喂量。6月份，日投饲率为1%，每天每亩投喂量为0.5~1千克，投喂期间的前7天，下午配合饲料按照0.2%拌喂维生素C，连喂7天，以减少幼鳖放养后的应激反应；7—8月，日投饲率为2%，每天每亩投喂量为2~2.5千克；9月份，日投饲率为3%，每天每亩投喂量为3~4千克；进入10月份，日投饲率为1%，每天每亩投喂量为1~1.5千克，若气温降为20℃以下后，可停止投喂。根据食台剩料情况酌情增减投喂量。中华鳖也摄食存田小龙虾以及稻田中虫体、虫卵等，可减少存田小龙虾数量，为第二年投放虾苗做好准备。

### 4.水质调节

幼鳖投放后，保持田面水位为5~10厘米，水稻分蘖够苗后，逐渐将水

位加深为10~15厘米，利用深水控制分蘖。环形沟中，每隔10~15天交替使用过硫酸氢钾改底剂和生物改底剂1次。每月在环形沟中泼洒芽孢杆菌或EM菌制剂1~2次。每隔7~10天换水1次，每次换水量20%左右，以保持水体肥活嫩爽。每隔15~20天，在环形沟中抛撒生石灰1次，每次每亩环形沟使用生石灰10~15千克，将生石灰用水溶化成浆后趁热全沟均匀泼洒。

### 5.病虫害防治

中华鳖抗逆、抗病能力较强，加上稻田生态环境良好，鳖放养密度较小，很少会发生疾病；在鳖苗放养前进行浸泡药液消毒，保持沟坑环境优良，做好中华鳖疾病预防即可。8—9月是水稻虫害发生的高峰期，可将稻田加水淹没田面30~40厘米，并保持3~4天，让鳖进入稻田摄食病虫卵、虫体等，去除病虫害，增加稻田通透性，增强水稻抗病能力，减少水稻疾病发生，从而减少农药的使用量。

### 6.中华鳖捕捞

10月份，在鳖沟中利用地笼捕捞中华鳖上市；进入11月份后，气温下降，此期应排干沟水，彻底翻挖底泥，捕捉鳖上市销售，少量漏捕的鳖可以第二年利用地笼捕捞上市。捕捞结束后，清除过多淤泥，并用生石灰清田消毒，暴晒60天以上；翌年1—2月，稻田上水并移栽水草，进入下一轮稻虾鳖绿色共生循环（图3–5）。

图3–5　水稻、中华鳖收获季节

# 第六节　稻虾蟹种养技术

稻虾蟹连作共生绿色种养技术模式是通过适当的田间工程、围网设施等来营造稻虾蟹互利共生种养系统，将小龙虾、河蟹养殖和水稻种植有机结合起来，基于系统内营养物质和必要的饲料、肥料，生产优质稻虾蟹的一种现代生态农业模式。该技术模式可实现“一水两用、一田三收、粮渔双赢”，促进增效稳粮、生态循环、绿色发展、产品安全等，可有效提升稻虾蟹种养田的经济效益（图3–6）。

图3–6　稻虾蟹种养田

## 一　稻田工程

### 1.环形沟

稻田面积以20~50亩为佳，沿稻田四周开挖环形沟，沟宽3~5米，深1~1.5米，埂高0.8~1米，埂宽2~2.5米，沟坡比为1:(3~5)；在环形沟的一边设置3~5米宽的通道，以方便机械及运输车辆出入。环形沟的面积占稻田总面积应控制在10%以内。

### 2.防逃设施

沿稻田四周围埂外围设置防逃墙，防逃材料选用厚塑料薄膜等光滑耐用材料，防逃墙应与埂面垂直，基部埋入土壤中10~20厘米，顶端高出埂面50~60厘米，每隔1.5米左右用铁棍或竹竿支撑防逃薄膜。养殖区外还应设置高1.5~1.8米的防护围栏，以免家禽牲畜等进入养殖区。

### 3.进排水系统

进排水系统要分开设置，进排水口设置在稻田一条对角线两端，进水口设置在埂上，并使用80目双层筛绢网袋兜住；排水口设置在稻田环形沟底端，并设置“L”形站管，在站管上套设20~40目的密眼网罩，以防止野杂鱼等进入稻田。

### 4.增氧设施

在环形沟中设置微孔管道增氧设施，按照虾沟面积计算，每亩配置罗茨风机的功率为0.3~0.4千瓦，沿稻田四周埂上设置主气管，沿环形沟的四周，每隔6~8米设置一个直径为60厘米的微孔管道曝气盘，主要为河蟹暂养期间增加环形沟氧气含量。

### 5.简易围网设施

围网材料可选用10目的聚乙烯网片和塑料薄膜，沿稻田平台四周设置简易围网，围网埋入土壤中10~20厘米，顶端高出埂面50~60厘米，在网片顶端缝制双面宽20厘米的塑料薄膜。6月上旬，将河蟹限制在环形沟中养殖，小龙虾限制在稻田平台上养殖；6月上旬后，水稻秧苗移栽后15天可拆除围网，让河蟹进入水稻种植区，以增加河蟹的活动空间，促进河蟹快速生长。

## 二 河蟹暂养

6月上旬前，主要利用简易围网将河蟹围在环形沟中培育至三壳后。

#### 1.河蟹放养前准备

（1）清田消毒。每年河蟹捕捞结束后，清除虾沟内过多淤泥，抛撒于田面上，留沟水10~20厘米深，使用生石灰彻底清田消毒，每亩使用生石灰75~100千克，将生石灰用水溶化成浆后趁热全沟均匀泼洒，以改良底质，增加钙质，清除野杂鱼，杀灭病原微生物等。然后彻底排干沟水，进行稻田旋耕，彻底冻晒稻田60天以上。

（2）水草移栽。1—2月，将环形沟进水20~30厘米深，在环形沟的两边坡底，每隔1.5~2米交错移栽1团伊乐藻，伊乐藻直径为20~30厘米；待水草活棵后，逐步加深水位，以促进水草生长。

#### 2.河蟹放养

（1）放养条件。要求水草长势良好，覆盖率为40%~50%；控制水体透明度为30~40厘米，保持水体肥活嫩爽，溶解氧为5毫克/升，氨氮含量低于0.3毫克/升；水体酸碱度保持在7~9。

（2）河蟹质量。选择长江水系蟹苗进行养殖，要求体色青灰、有光泽、四肢齐全、无疾病、活力强，规格为120~160只/千克。

（3）运输方法。可采用80厘米×40厘米×40厘米的泡沫箱作为河蟹运输箱，并在箱底钻直径1~2厘米的圆孔8~10个；河蟹用网目尺寸为3~5毫米的网袋包装置于运输箱内，每箱放两袋，每袋装河蟹3~5千克；袋中放置洗净的伊乐藻、菹草，防震防堆压，运输时间控制在3小时以内。

（4）放养。1—3月，选择连续晴天（务必避开阴雨天气），每亩环形沟放养河蟹5 000~6 000只。经过运输的河蟹，应将装有河蟹的网袋浸入环形沟水中1分钟，再拎起放置3~5分钟，如此重复2~3次，控制温差在±1℃内。使用稻田水配制的3%食盐水进行消毒，将装有河蟹的网袋浸入盐水中2~3分钟，拎起放置5~6分钟，然后将河蟹轻轻倒在稻田四周的斜坡浅水处，让其自行爬入暂养环形沟中。

#### 3.饲料投喂

（1）饲料种类。选择河蟹全价配合饲料（蛋白质含量为32%~36%）、小杂鱼、玉米、黄豆等。小杂鱼利用碎鱼机切块后投喂，玉米、黄豆要煮熟后投喂。

（2）投喂方法。2—3月，选用河蟹全价配合饲料，每2~3天投喂1次，日投饲率为0.5%~1%；进入4月份，选用河蟹全价配合饲料，日投饲率为1%~2%；5—6月，投喂小杂鱼（冰鲜鱼）和玉米（黄豆）等，搭配比例为6:4，日投饲率为6%~8%。在每个田沟中设置2~3个食台，并根据剩料情况酌情增减投喂量。

**4.水质调节**

进入3月份后，每隔10~15天使用氨基酸肥水膏、黄腐酸钾等肥水1次，保持水体肥度，以促进水草生长。4月份，每隔10~15天泼洒EM菌制剂等1次，若水体较瘦，可适当搭配施用生物肥，将水体透明度控制在30~40厘米。5月份，每隔7~10天换水1次，每次换水量为10%~20%，若水质恶化，需要及时泼洒过硫酸氢钾复合盐和有机酸解毒剂，以改善底质，去除水体毒素等。4—6月，根据伊乐藻长势情况，及时打头、疏密，控制水草淹没在水下20厘米左右，水草覆盖面积控制在50%~60%。进入5月份后，随着水温升高，根据天气情况及时开启增氧机，保持水体溶解氧在5毫克/升以上，保持水草活力和水体肥活嫩爽，为河蟹提供一个优良的生长环境。

**5.疾病预防**

每隔15~20天，沿环形沟泼洒生石灰水1次，每亩生石灰用量为5~7.5千克；每年清明前后，泼洒浓度为0.3~0.4克/米$^3$的硫酸锌粉和有效碘浓度为0.03~0.05克/米$^3$的碘制剂杀虫、杀菌1次；在遇暴风雨、台风等恶劣天气前后，可泼洒应激灵溶液或用维生素C拌料投喂 5~7天，以降低河蟹的应激反应，预防疾病发生。

**6.拆网放蟹**

6月上旬，河蟹三壳基本蜕壳完成，在水稻移栽后15天左右，可以拆除平台四周简易围网，让河蟹进入稻田，进行稻蟹共作，让河蟹有更大的活动空间，以促进河蟹快速生长。

## 三 小龙虾养殖

### 1.水草移栽

1—2月，保持田面水位为5~10厘米，并按照行距10米、株距4米在田面上移栽伊乐藻，每团水草直径为20~30厘米；待水草活棵后，逐渐加深水位，根据水草生长情况，适量施用草肥、复合肥和磷肥等肥料，以促进水草的生长。

### 2.虾苗放养

3—4月，选择晴好天气，保持水草覆盖面积为30%~40%，可适时放养虾苗。虾苗要求体色淡青色、健康、活力强，无水疱、烂尾等，规格为160~240尾/千克，每亩放养25~30千克，沿稻田中间浅水处及水草周围均匀放养。经过运输的虾苗需要平衡水温、浸泡消毒药液后再放养。

### 3.饲料投喂

虾苗投放后第2天开始投喂，选择小龙虾专用颗粒饲料（蛋白质含量为36%，粒径为2~3毫米），并根据月份调整投喂量。3月份，日投饲率为1%，每天每亩投喂量为0.25~0.5千克；进入4月份，日投饲率为2%~4%，每天每亩投喂量为1~2千克。每天下午5:30—7:00投喂1次，在田面上均匀投喂；根据小龙虾摄食、夹草、水体颜色等情况，可酌情增减投喂量。虾苗投放后以及遇天气剧烈变化等情况，可连续拌料投喂维生素C和离子钙5~7天，以降低小龙虾应激反应。

### 4.水质调节

3月份，保持田面水位为20~30厘米；4月份，保持田面水位为30~40厘米，每10~15天补充新水1次，并使用一次EM菌制剂调节水质；进入5月份后，保持田面水位为40~50厘米，每隔10~15天换水1次，每次换水量为20%~50%，并施用芽孢杆菌制剂1次。若水质恶化，可使用过硫酸氢钾复合盐改底剂和有机酸解毒剂，改善底质，去除水体毒素，保持水体肥活嫩爽。

**5.小龙虾捕捞**

虾苗放养后，经过精心饲养20~30天，在稻田中间设置10米以上的大地笼，每亩设置3~5条网目尺寸为3.5厘米的大网眼地笼，捕大留小；5月上旬，逐渐降低水位，设置网目尺寸为2厘米的小网眼地笼，强化小龙虾捕捞；至5月下旬强行结束小龙虾养殖，进行水稻秧苗移栽。

## 四 水稻种植

水稻品种宜选择抗倒伏、耐肥、抗病、穗大、品质好、生育期在140天以上的粳稻品种。4月下旬播种育秧；5月下旬人工移栽秧苗，株距20厘米、行距30厘米，每亩移栽1.4万~1.5万穴；6—7月水稻分蘖、拔节，水稻分蘖够苗后，加深水位以控制分蘖；8—9月水稻孕穗、扬花、齐穗；10月份水稻成熟并完成水稻收割。

## 五 稻蟹共作

**1.拆网放蟹**

6月上中旬，河蟹完成第3次蜕壳，水稻秧苗移栽后15天左右，可拆除田面四周的围网，让环形沟暂养的蟹苗进入大田进行养殖。

**2.河蟹投喂**

坚持“前后精、中间青”“荤素搭配、精青结合”的投喂原则，采用“四定”投喂法。沿稻田环形沟两边坡埂投喂小杂鱼、冰鲜鱼、小麦、玉米等。6月至7月上旬，以动物性饲料小杂鱼、冰鲜鱼为主，占日投喂量的60%~70%，搭配投喂玉米、小麦等，占30%~40%，日投饲率为4%~6%；7月中旬至8月初，气温较高，河蟹完成第4次蜕壳，以植物性饲料南瓜、小麦和玉米为主，占日投喂量的60%~70%，动物性饲料小杂鱼、冰鲜鱼为辅，占30%~40%，日投饲率为7%~9%；8月上旬至11月，河蟹陆续完成第5次蜕壳，进入河蟹育肥期，以动物性饲料小杂鱼、冰鲜鱼为主，占日投喂量的70%~80%，搭配投喂小麦、玉米等，占20%~30%，日投饲率为10%~12%。根据季节、天气、水质变化以及河蟹吃食剩料情况，适时适量调整投喂量。每天傍晚时投喂一次。

### 3.水质调节

蟹苗放养后，在不影响水稻生长的情况下，尽量保持深水位，保持稻田田面水位在15厘米以上；每隔10~15天换水1次，每次换水5~10厘米深；环形沟每隔10~15天，交替使用过硫酸氢钾改底剂和芽孢杆菌类生物底质改良剂，以保持底质优良；每隔15~20天，在环形沟中泼洒一次生石灰水，每次每亩用量为5~7.5千克。遇高温闷热天气，夜间需要及时开启增氧机，保持环形沟水体溶解氧在5毫克/升以上。养殖前期，保持环形沟水体透明度在40厘米左右，中后期控制水体透明度在50厘米以上。

### 4.水草养护

若蟹沟水草生长过密，要及时进行疏密，并适当施用草肥，保持水体透明度在50厘米以上，以促进水草生长；水草若被河蟹消耗过大，可补栽水花生、水葫芦等浮性水草，保持田面水草覆盖率为60%~70%。

### 5.疾病预防

6—7月，连绵阴雨天较多，水质容易恶化，水草活力差，造氧能力欠佳，需要及时在水沟中使用过硫酸氢钾复合盐底质改良剂，减少氧债，并使用有机酸解毒剂，去除水体毒素；适时开启增氧机，保障水体溶解氧在5毫克/升以上。进入8月份，夏秋交替，气温多变，每月交替泼洒碘制剂、二氧化氯制剂各1次，以控制水体致病菌。夏季持续高温天气，需要注意经常换水降温，养护好水草，防止水草枯死腐烂、蓝藻暴发等；如突遇暴雨、台风等恶劣天气时，要注意泼洒防应激类药品制剂，以提高河蟹抗应激能力。

### 6.河蟹捕捞

9月下旬开始，在稻田中设置地笼进行诱捕河蟹；10—11月，河蟹成熟会上埂，夜间可在田埂上徒手捕捉河蟹。捕获的河蟹可用专池或网箱暂养待售，也可直接上市出售。

# 第七节　稻田小龙虾、罗氏沼虾连作技术

稻田小龙虾、罗氏沼虾连作技术模式主要是利用小龙虾和罗氏沼虾的适宜生长特性，在春季养殖一茬小龙虾，在夏秋季水稻田里套养一茬罗氏沼虾。其技术原理为：3—5月是小龙虾最适宜生长季节，此时放好苗、喂好料有利于提高养殖产量和效益；6—9月气温高，小龙虾进入繁殖季节，生长缓慢，饲料系数较高，养殖效益较差，而此时正是罗氏沼虾最适宜生长季节。水稻田里生态环境好，套养罗氏沼虾可提高稻田利用率，提高下半年稻田经济效益，真正做到"一田多用、一水两用、一稻两虾"，实现种植养殖效益双提升（图3–7）。

图3–7　小龙虾、罗氏沼虾连作稻田

## 一 稻田工程

稻田要求旱季不涸、雨季不涝，面积以10~20亩为宜，并便于机械化整地、插秧、收割等田间作业。沿田埂内侧50厘米开挖环形沟，沟深1~1.5米，

沟面宽2~4米，埂高0.8~1.0米，沟坡比为1:(1~2)，虾沟面积占稻田面积控制在10%以内。养殖区田埂四周构建防逃设施(田块之间无须设立)。进水口设置80目过滤网，排水口采用插管式"L"形站管，兼具排水和防洪功能每亩环沟配备功率为0.1~0.2kW的微孔管道增氧设施。

## 二 虾苗放养前准备

### 1.清整消毒

水稻收割后，清除虾沟内过多淤泥(保持淤泥厚度不超过15厘米)，将淤泥抛撒在田面上，并彻底犁耙、旋耕稻田。利用生石灰对虾沟进行彻底消毒，按照虾沟面积，每亩使用生石灰75~100千克，将生石灰用水溶化成浆后趁热全沟均匀泼洒，不留死角。清整消毒后，排干田水，彻底冻晒稻田60天以上。

### 2.水草移栽

1—2月，采取先沟后田面的顺序移栽水草。沟中水位加为10~20厘米，在沟埂边角移栽伊乐藻，每隔7~10米移栽一团；待沟中水草活棵后，逐渐将水位加为淹没田面5~10厘米。田面按照行距10米、株距4米移栽伊乐藻，每团水草直径为20~30厘米；待伊乐藻活棵后，逐渐加水。根据水草生长情况，适量施用草肥、复合肥和磷肥，以促进水草生长。

### 3.培肥水体

3—4月，在小龙虾虾苗投放前7~10天，施用氨基酸肥水膏等，每亩使用1~1.5千克，以培肥水体，并控制水体透明度在30~40厘米，实现虾苗肥水下田。

## 三 茬口安排

3—5月中旬，水稻秧苗移栽前，进行小龙虾养殖；5月中旬，进行水稻秧苗人工移栽；6月上旬，水稻够苗烤田复水后，将罗氏沼虾虾苗放养至稻田中，进行稻虾共作。

## 四 小龙虾养殖

### 1.虾苗放养

3—4月，保持田面水草覆盖面积为30%~40%，保持田面水位为20~30厘米，选择晴好天气，适时放养虾苗，每亩放养规格为160~240尾/千克的小龙虾虾苗25~30千克。

### 2.饲料投喂

虾苗投放后第2天开始投喂小龙虾全价配合饲料（蛋白质含量为30%~34%，粒径为2~3毫米），日投饲率为1%~4%，并根据养殖阶段进行适当调整。3月份，日投饲率为1%，每天每亩投喂量为0.25~0.5千克；4月份，日投饲率为2%~4%，每天每亩投喂量为1~2千克；5月份，日投饲率为1%~2%，每天每亩投喂量为0.5~1千克。每天下午5:30—7:00投喂1次，全田均匀投喂。设置食台，根据小龙虾摄食情况，酌情增减投喂量。

### 3.水质调节

3月份，保持稻田水位为15~30厘米；4月份，保持水位为30~35厘米；5月份，保持水位为50~60厘米。5月前，以定期补水为主。3月份，根据水质，以补肥为主；4月份，施用1~2次EM菌、光合细菌等微生态制剂，根据水质情况，适当补充生物肥料；5月份，每隔10~15天，换水1次，每次换水量为20%~50%，换水后，泼洒微生态制剂调节水质。当水质恶化时，使用过硫酸氢钾复合盐改底剂和有机酸解毒剂等，以改良底质，去除水体毒素，再泼洒生物制剂，调节水质，保持优良的生态环境。

### 4.小龙虾捕捞

虾苗放养后，经过精心饲养20~30天后应及时捕捞商品虾上市。每亩设置3~5条网目尺寸为3.5厘米的地笼，轮捕规格为20克以上的商品虾上市销售。捕捞后期，改用密网眼地笼，并降低水位，强化小龙虾捕捞。5月中旬强行结束小龙虾养殖，进行水稻秧苗移栽。

## 五 水稻品种选择与栽培

可选择抗病力强、抗倒伏、结实率高、生育期在135天左右的优质杂交中稻品种，如荃优822等。4月中旬播种育秧；5月中旬人工移栽秧苗，采用人工插秧方式，每亩移栽1.4万~1.5万穴为宜；6月份水稻分蘖、拔节；7—8月水稻孕穗、扬花、齐穗；9月份水稻成熟，9月中旬完成水稻收割。

## 六 稻田套养罗氏沼虾

### 1.清除野杂鱼

6月初，罗氏沼虾放养前，结合稻田烤田，降低水位至虾沟，每亩使用茶籽饼10千克和生石灰10千克，先泼洒生石灰水，然后抛撒茶籽饼，全沟不留死角，彻底清除野杂鱼及病原微生物。

### 2.水草处理

结合清除野杂鱼类，彻底清除虾沟中活力差或者腐烂的伊乐藻。

### 3.虾苗放养

6月上旬，选择晴好天气，可适时放养罗氏沼虾虾苗，每亩放养规格为1 000~1 200尾/千克的虾苗1千克。

### 4.饲料投喂

虾苗投放后第2天开始投喂罗氏沼虾专用配合饲料（蛋白质含量为36%~42%），日投饲率为3%~4%，以1~2 小时吃完为宜，沿虾沟均匀投喂；每天早晚各投喂1次，以下午投喂为主（占全天投喂量的70%）。每块田在虾沟中设置食台2~3个，根据罗氏沼虾摄食情况来酌情增减投喂量。

### 5.水质调节

每隔10~15天，泼洒芽孢杆菌制剂、光合细菌等微生物制剂来调节水质。每隔15~20天换水1次，每次换水量为20%~50%。若水质恶化，可使用过硫酸氢钾复合盐、有机酸解毒剂来改善底质，去除水体毒素。遇闷热天气，及时开启增氧机进行水体增氧。控制水体透明度在30~40厘米。

**6.罗氏沼虾捕捞**

8月中下旬，在罗氏沼虾规格为40个/千克左右时，就可以开始利用地笼捕捞罗氏沼虾上市销售，并捕大留小；9月底至10月上旬，可逐渐降低水位，利用拖网或抄网捕捞罗氏沼虾，罗氏沼虾不耐低温，在水温降为20℃以下时，必须全部捕捞上市，或者移至温棚中暂养，待市销售。

## 第八节　稻田小龙虾、红螯螯虾连作技术

红螯螯虾，隶属于甲壳纲十足目拟螯虾科光壳虾属，俗称澳洲淡水小龙虾，原产于澳大利亚、新几内亚等国。红螯螯虾个体较大，生长速度快，肉质鲜美，富含谷氨酸等，适合清蒸、烧烤，是淡水小龙虾中的高档品种，国内消费需求旺盛，养殖前景十分广阔。本技术模式主要根据小龙虾、红螯螯虾的生长特性，水稻种植前(3—6月上旬)养殖一季小龙虾，水稻秧苗移栽后(6月上旬—10月)养殖一季红螯螯虾，充分利用稻田时空资源，在不影响水稻种植的情况下，养殖两季虾，实现稻田增产增收。

### 一　田间工程

**1.环形沟**

选择环境安静、水源充足的田块作为综合种养基地，单块稻田以15~20亩为宜，沿田埂内侧50厘米处开挖环形沟，沟深1~1.5米，沟面宽2~4米，沟坡比在1:1.2以上，虾沟面积占稻田面积控制在10%以内。

**2.防逃设施**

利用聚乙烯网片和塑料薄膜或单用厚塑料薄膜等耐用材料，沿稻田四周设置防逃墙，防逃墙应与埂面垂直，底部埋入土壤内10~20厘米，顶端高出埂面30~40厘米，每隔1~1.5米，利用竹竿或木棍支撑防逃墙。

### 3.进排水系统

进排水口应对角设置，进水口设在田埂上，高出田面50厘米左右，排水口设在环形沟最低处。进水口安装80目的双层聚乙烯筛绢网袋，排水口宜采用兼具溢水功能的“L”形PVC站管，并套设20~40目的密眼网罩。

## 二 虾苗放养前准备

### 1.清整消毒

红螯螯虾捕捞结束后立即清除虾沟内淤泥，抛撒在田面上，并彻底旋耕稻田。泼洒生石灰水对虾沟进行彻底消毒，按照虾沟面积，每亩使用生石灰75~100千克，将生石灰用水溶化成浆后趁热全沟均匀泼洒，不留死角。清整消毒后，冻晒稻田60天以上。

### 2.水草移栽

1—2月，虾沟中加水使水位为10~20厘米，采取先沟后田面的顺序，每隔7~10米移栽一团伊乐藻；待水草活棵后，逐渐将水位加为淹没田面5~10厘米，田面按照行距10米、株距4米移栽伊乐藻，每团水草直径为20~30厘米；待伊乐藻活棵后，逐渐加水。根据水草生长情况，适量施用草肥、复合肥和磷肥等，以促进水草生长。

### 3.培肥水体

3月上中旬，在虾苗投放前3~5天，每亩施用氨基酸肥水膏等生物肥1~1.5千克来培肥水体，并控制水体透明度在30~40厘米，做到虾苗肥水下田，提高放养成活率。

## 三 稻虾茬口安排

3—5月下旬，水稻秧苗移栽前，进行小龙虾养殖；同时，6月初进行人工移栽水稻秧苗；6月上旬，水稻秧苗返青，将红螯螯虾苗种放养到虾沟中，进行稻虾共作。

## 四 稻田小龙虾养殖

### 1.虾苗放养

3—4月，保持水草覆盖面积为30%~40%，选择晴好天气，适时放养小龙虾虾苗，每亩放养规格为160~240尾/千克的虾苗25~30千克。

### 2.饲料投喂

虾苗投放后第2天开始投喂，投喂小龙虾全价配合颗粒饲料（蛋白质含量为30%~34%，粒径为2~3毫米），日投饲率为1%~4%，可根据养殖阶段进行适当调整。3月份，日投饲率为1%，每天每亩投喂量为0.25~0.5千克；4月份，日投饲率为2%~3%，每天每亩投喂量为1~2千克；5月份，日投饲率为1%~2%，每天每亩投喂量为0.5~1千克。每天下午5:30—7:00投喂1次，全田均匀投喂。设置食台，根据小龙虾摄食情况来酌情增减投喂量。

### 3.水质调节

3月份，保持田面水位为15~20厘米；4月份，保持水位为30~35厘米；进入5月份，保持水位为50~60厘米。5月前，以定期补水为主。3月份，根据水质，以补肥为主；4月份，以施用微生态制剂为主，并根据水质追施生物肥料；进入5月份，每隔10~15天，换水1次，每次换水量为10%~20%，换水后泼洒芽孢杆菌等微生态制剂来调节水质。当水质恶化时，需要使用过硫酸氢钾复合盐改底剂和有机酸解毒剂等，改良底质，去除水体毒素，保持优良的生态环境，以促进小龙虾快速生长。

### 4.小龙虾捕捞

虾苗放养后，经过精心饲养20~30天，应及时捕捞商品虾上市。每亩设置3~5条网目尺寸为3.5厘米的地笼，轮捕规格为20克以上的商品虾上市；捕捞后期，改用密网眼地笼，并降低水位，强化小龙虾捕捞，尽量减少小龙虾存田量。5月下旬，强行结束小龙虾养殖，进入水稻秧苗移栽期。

## 五 水稻品种选择与栽培

选择抗病力强、抗倒伏、结实率高、生育期在135天左右的优质高产杂交中稻品种。5月初播种育秧;6月初移栽秧苗,采用人工插秧方式,每亩移栽1.4万~1.5万穴;7月份水稻分蘖、拔节;8月份水稻孕穗、扬花、齐穗;9月份水稻成熟;10月份完成水稻收割。

## 六 稻田红螯螯虾养殖

### 1.清除野杂鱼

6月初,水稻秧苗移栽前,降低水位至虾沟,每亩利用生石灰10千克和茶籽饼10千克,彻底清除野杂鱼,提高水体透明度,抛撒长草粒粒肥,促进伊乐藻重新发芽生长;同时沿环形沟四周,每隔15~20米补栽一团水花生,水花生直径在2米左右。

### 2.虾苗放养

6月上旬,水稻秧苗移栽7天后,选择晴好天气,避开气温30℃以上的高温时段,每亩投放规格为3~5厘米的红螯螯虾虾苗1 000尾左右;虾苗要求体色鲜嫩亮绿、附肢完全、活力好、爬行速度快,沿稻田四周浅水区均匀投放。

### 3.饲料投喂

红螯螯虾具有杂食性,食性广,喜食小杂鱼、螺蛳、黄豆等,也喜食虾类配合饲料;日投饲率为3%~5%,每天投喂1~2次,沿稻田虾沟浅水区均匀投喂。设置食台,根据红螯螯虾吃食情况来酌情增减投喂量。饲料中可定期拌料投喂EM菌、乳酸菌、丁酸梭菌、光合细菌等微生态制剂,以保持虾的肠道健康,预防肝肠疾病发生。

### 4.水质调节

每隔20天用生石灰水、聚维酮碘溶液等泼洒环形沟,进行水体消毒;每隔15天用芽孢杆菌制剂、EM菌、光合细菌等微生物制剂来调节水质;每隔15~20天换水1次,每次换水量为20%~50%。若水质恶化,可使用过硫酸氢钾复合盐底质改良剂、有机酸解毒剂来改善底质,去除水体毒素。控制水体透明度在30~50厘米,保持优良的生态环境。

### 5.红螯螯虾捕捞

经过3~4个月的精心养殖，红螯螯虾规格在50克以上，9月底利用地笼轮捕达到商品规格的红螯螯虾上市；水稻收割前，彻底排干沟水，捕捉全部红螯螯虾上市销售。

## 第九节　稻虾鸭种养技术

稻虾鸭生态综合种养技术模式为：3—6月给稻田加满水，进行小龙虾养殖；水稻秧苗移栽后，放养鸭苗，进行稻鸭共作。小龙虾剩余饲料和排泄物可为稻田打好基肥；稻田给鸭子提供生活环境和食物来源，利用鸭为水稻除草、灭虫、中耕，抑制无效分蘖，减少了鸭的饲料投喂量；并且鸭将粪便排放至稻田，可促进水稻生长，减少农药和化肥的使用量，从而实现稻虾鸭共栖生长，实现稻田循环利用、节本增效、种养双赢，经济效益和生态效益提升显著(图3-8)。

图3-8　稻虾鸭种养模式

## 一 稻田配套建设

### 1.稻田条件及环形沟设置

选择水源条件好的圩区，沟渠、道路配套完善，田块相对平整，田块间落差小于30厘米较适宜。稻虾鸭共作面积以15~20亩为宜，沿稻田四周开挖环形沟，要求沟深0.8~1.2 米，沟面宽2~3米，埂高0.8~1.0米，埂面宽1.5~2米，沟坡比控制在1∶1.2以上。严格控制虾沟面积的占比不超过田块总面积的10%。

### 2.喂食场和鸭舍建设

在每块田的鸭子活动水面旁，设置喂食场和鸭舍。100只鸭子应设喂食场10平方米左右，以鸭能同时取食为标准；用塑料棚和遮阳网配套建设1个面积为15~20平方米的简易鸭舍，供鸭子休息和躲避恶劣天气。

### 3.防逃设施

利用聚乙烯网片和塑料薄膜等耐用材料，沿稻田四周设置防逃设施。防逃墙应与埂面垂直，底部埋入土壤内20~30厘米，顶端高出埂面70~80厘米；每隔1~1.5米用铁棍或木棍支撑防逃设施。

### 4.进排水系统

在稻田两头设置进排水系统，进水口建在田埂上，高出田面50厘米左右，排水口建在环形沟最低处。进水时在进水口安装80目双层筛绢网袋，排水口的“L”形站管上安装20~40目的密眼网罩，以防野杂鱼进入稻田。

## 二 虾苗放养前准备

### 1.清田消毒

水稻收割后，清除虾沟内淤泥，抛撒在田面上，并彻底旋耕稻田。泼洒生石灰水对虾沟进行彻底消毒，按照虾沟面积计算，每亩使用生石灰75~100千克，将生石灰用水溶化成浆后趁热全沟均匀泼洒，不留死角。清整消毒后，冻晒稻田60天以上。

### 2.水草移栽

1—2月，虾沟中加水使水位为10~20厘米，采取先沟后田面的顺序，每隔7~10米移栽一团伊乐藻；待沟中水草活棵后，逐渐将水位加深为淹没田面5~10厘米，并按照行距10米、株距4米移栽伊乐藻，每团水草直径为20~30厘米。伊乐藻活棵后，逐渐提高水位，根据水草生长情况，适量施用草肥、复合肥和磷肥等，以促进水草生长。

### 3.培肥水体

3月上中旬，在小龙虾虾苗投放前7~10天，每亩使用氨基酸肥水膏1~1.5千克来培肥水体，并控制水体透明度在30~40厘米，实现虾苗肥水下田，提高放养成活率。

## 三 茬口安排

水稻种植前，3—5月，进行小龙虾养殖；6月上旬，强行结束小龙虾养殖，进行水稻秧苗移栽；6月中旬，水稻秧苗返青后，可以放养鸭苗，进行稻鸭共作。水稻抽穗后，将鸭子赶出稻田出售，或者择地集中育肥；也可以在水稻收割后，田面适当加水后，将鸭子赶回稻田，利用稻田遗漏的稻谷及青草，继续进行鸭子育肥，11月后出售。

## 四 小龙虾养殖

### 1.虾苗放养

3—4月，保持水草覆盖面积为30%~40%，选择晴好天气，适时放养虾苗，每亩放养规格为160~240尾/千克的健康小龙虾虾苗25~30千克，沿稻田四周及田面浅水区域均匀投放。

### 2.饲料投喂

虾苗投放后第2天开始投喂饲料，选用小龙虾全价配合颗粒饲料（蛋白质含量为30%~34%，粒径为2~3毫米），日投饲率为1%~4%，根据养殖阶段可进行适当调整。3月份，日投饲率为1%，每天每亩投喂量为0.25~0.5千克;4月份,日投饲率为2%~3%,每天每亩投喂量为1~2千克;5月份,日投饲率为1%~2%,每天每亩投喂量为0.5~1千克。每天下午5:30—7:00投喂1次,全田均匀投喂。设置食台,根据小龙虾摄食情况来酌情增减投喂量。

### 3.水质调节

3月份,保持田面水位为15~20厘米;4月份,保持水位为30~35厘米;5月份,保持水位为50~60厘米。5月前,以定期补水为主。3月份,根据水质,以补肥为主;4月份,以泼洒芽孢杆菌、EM菌等微生态制剂调节水质为主,若水体仍较瘦,可适当补充肥料,提高调水效果;进入5月份,每隔10~15天换水1次,每次换水量为20%~50%,且换水后泼洒微生态制剂。当水质恶化时,需要使用过硫酸氢钾复合盐改底剂和有机酸解毒剂等来改良底质,去除水体毒素,以保持优良的生态环境。

### 4.小龙虾捕捞

虾苗放养后,经过精心饲养20~30天,要及时捕捞商品虾上市。每亩设置3~5条网目尺寸为3.5厘米的地笼,轮捕规格为20克以上的商品虾上市;捕捞后期,可降低水位,强化捕捞小龙虾。6月初,强行结束小龙虾养殖,进入水稻种植阶段。

## 五 水稻品种选择与栽培

选择抗逆性强、适应性强、穗粒兼顾型的高产杂交中稻品种。如隆两优华占、金两优华占、Y两优1998等。5月初,进行水稻播种育秧;6月初人工移栽秧苗,按照行距30厘米、株距20厘米,每亩栽插1.4万~1.5万穴;7月上旬水稻分蘖、拔节;8月份水稻孕穗、抽穗、齐穗;9月份水稻成熟;10月上中旬水稻收割完毕。

## 六 稻鸭共育

### 1.鸭品种选择、放养时间及放养密度

选择抗逆性强、觅食力强、耐粗饲、中等体形的鸭品种。水稻移栽后7~

10天，秧苗已经活棵，是放鸭苗的最佳时间，宜放养15日龄左右的雏鸭。每亩放养鸭苗15~20只。

### 2.投饲管理

鸭苗进入稻田后，需要及时进行投喂，并根据鸭子不同生长阶段，适时调整投饲策略。雏鸭阶段，每天投喂饲料3次，每天每只鸭子投喂量为50~100克，傍晚投喂量占全天投喂量的50%~60%；当鸭长到0.5千克时，饲料投喂次数变为早、晚各1次，投喂量为早少晚多，饲料品种以小麦、稻谷、玉米等为主，搭配适量豆粕、菜粕、食盐等补充饲料，每天每只投喂量为120~150克，下午投喂量占70%；鸭下田生长35天，也就是鸭50日龄时剪断一侧翅膀上的3根主翼羽，造成飞行失衡，以防止鸭子飞逃。在水稻抽穗前15~20天，应对鸭进行田间育肥催壮，投喂次数为每天2~3次，以玉米、麸皮、豆粕、菜粕等为主，并搭配少量青饲料，投喂量要足，每天每只鸭子投喂量为200克左右。

### 3.灌溉管理

水稻孕穗至抽穗前，灌活水使田面水位为4~6厘米；水稻抽穗扬花期灌活水使水位为5~7厘米；水稻灌浆到蜡熟期间，间歇灌溉，以湿为主，养根保叶，活秆成熟；黄熟中期排水，洼地可适当早排。水稻移栽后直至鸭子离田前，一直保持5~10厘米水位，根据鸭的生长进程由浅到深。鸭子离田后，应保持间歇湿润灌溉，干湿交替，养好老稻。

### 4.共育期水稻病虫草害的防治

架设频振式杀虫灯诱杀稻飞虱、稻纵卷叶螟等害虫。水稻缓苗期后，鸭子耕耘可有效除草，无须施用除草剂。稻鸭共育期一般不使用化学药剂防治病虫害，共育期间如遇特殊情况确需喷洒化学药剂，必须将鸭子赶到搭建的鸭舍里，暂时集中喂养3~5天。

### 5.共育期鸭的防护

要防止周围非稻鸭共育区的防治水稻病虫害的农药污水流入或渗入稻鸭共育区，一旦鸭子出现农药中毒症状，须及时进行解毒处理，并及时将中毒区域内的鸭子赶到安全的环境中进行隔离观察。在高温季节，应保持田间水位在10厘米左右，以防鸭中暑。在黄鼠狼、水老鼠等天敌较多的地区，需要采用特别防护措施。

6.成鸭收获

水稻抽穗后7~10天，要及时将鸭子从稻田中收回，上市出售，或者继续择地育肥后再出售。

# 第四章 池塘小龙虾健康养殖技术

池塘小龙虾健康养殖技术模式起步于20世纪90年代，但是由于一直以来养殖技术相对落后，养殖经济效益不够理想，发展速度一直滞后于稻虾种养技术模式。为了解决池塘养殖中存在的问题，相关专业人员对池塘小龙虾养殖技术进行了深入研究，创新并完善了相关关键技术，养殖的小龙虾规格大、品质好，倍受消费者青睐，并逐渐形成了池塘小龙虾双季养殖、池塘虾蟹混养、池塘小龙虾和青虾连作等养殖模式，为广大养殖户增产增效发挥了重要作用。

## 第一节 池塘小龙虾双季养殖技术

养虾必须先养草，通过移栽适宜的水草，净化池塘水质，从而营造优良的生态环境，为小龙虾提供隐蔽物，且养殖的小龙虾规格大、品质优、产量高。为此，依据伊乐藻和轮叶黑藻的生物学特性，上半年主要移栽耐寒性伊乐藻养殖第一季小龙虾，下半年主要种植耐高温性轮叶黑藻养殖第二季小龙虾，以提高小龙虾的年产量和品质，从而有效增加池塘小龙虾养殖的经济效益(图4–1)。

图4–1 池塘小龙虾双季养殖模式

## 一 池塘建设

### 1.池塘工程

池塘呈长方形，东西走向佳，土质以壤土为好，底泥厚为10~15厘米。面积在10亩以内，可改造成平底塘结构，要求埂坡比为1:(2.5~3)，塘深0.8~1.0米；面积10亩以上，可改造为“环沟+平台”结构，离塘埂2~3米处开挖环形沟，沟上口宽3~5米，沟深0.8~1.0米，利用挖沟的泥土抬高塘埂，使得埂高0.6~0.8米，埂面宽2米以上，坡比为1:(3~5)，环形沟面积占池塘总面积的20%~30%，池塘中间形成围滩。

### 2.防逃设施

沿养殖区四周应设置防逃设施。防逃材料可选用聚乙烯网片和塑料薄膜或单用厚塑料薄膜等光滑耐用材料，基部埋入土壤内10~15厘米，顶端高出埂面30~40厘米；防逃设施应与塘埂垂直，每隔1~1.5米，在防逃设施外侧利用竹竿或木棍支撑，并使拐角处呈弧形。

### 3.进排水口设施

进水口套设一个长3~4米、网目为80目及直径30厘米左右的双层筛绢网袋，防止野杂鱼及敌害进入池塘；排水口设置在池塘另一端的最低端，采用“L”形站管控制水位，并在出水口上套设网目为20~40目的密眼网罩，防止野杂鱼逆水进入池塘。

## 二 第一季小龙虾养殖

### 1.虾苗放养前准备

（1）清塘消毒。当年的小龙虾捕捞结束后，清除塘底过多淤泥，将生石灰用水溶化成浆后趁热全池均匀泼洒，不留死角，每亩生石灰用量为75~100千克。消毒后，彻底排干池水，冻晒60天以上，使得池底呈龟裂状。

（2）水草移栽。水草是小龙虾的栖息场所，也是小龙虾良好的饲料，同时还能改善水质，民谚有“要想养好虾，先要种好草”的说法。小龙虾养殖池塘的水草面积一般要占整个池塘面积的30%~50%，第一季小龙虾养殖，水草需要在冬季移栽，可选择移栽伊乐藻、菹草。1—2月上旬，对于无沟池塘，按照行距8米、株距6米移栽伊乐藻；对于有沟池塘，采取先沟后平台的顺序移栽水草，首先在沟中加水10~20厘米深，每隔7~10米移栽一团伊乐藻或菹草，待沟中水草活棵后，逐渐将水位加为淹没平台5~10厘米，平台按照行距10米、株距4米移栽水草，每团水草直径为20~30厘米。水草活棵后，逐渐加水，根据水草生长情况，适量施用草肥、复合肥和磷肥来促进水草生长。当水草覆盖面积为30%~40%时，可以放养虾苗。后期若水草头露出水面或疯长，须割草头或疏密，将水草覆盖面积控制在50%左右，在池塘中形成水草区和水草空当区，既可为小龙虾提供隐蔽场所，又可为小龙虾提供充分活动和摄食场所。

### 2.虾苗放养

（1）放养时间。3月中旬至4月上旬，选择连续晴天上午进行虾苗放养。

（2）虾苗来源。虾苗来源以自有专池繁育的虾苗为宜，或者就近从小龙虾繁育场选购健康虾苗。

（3）质量要求。同一池塘放养的虾苗最好规格大小一致，放养时要求一次放足。虾苗要色泽光亮、体色淡青色、活力强、附肢齐全、无病无伤，规格为160~240尾/千克。

(4)运输。小龙虾苗种通常采用干法保湿运输，选择密封性较好的厢式货车、面包车等，用专用虾筐来装载虾苗，虾筐规格为60厘米×40厘米×15厘米。遵循“轻装快运”原则，每筐装虾苗5~6.5千克，使各筐卡扣咬合紧密，并在最上面放置一个空筐。虾苗起捕后不上分拣台，直接装筐运输，选择清晨低温时起运，运输时间控制在2小时内为宜。如果运输时间较长，中途要适时洒水。运输时要注意防晒、防风吹、防高温、防缺氧、防挤压等。高温季节运输，宜用空调车，并保持车厢内温度为15~20℃，运虾苗的筐中严禁直接放冰块或使用井水降温。

(5)虾苗放养。每亩放养规格为160~240尾/千克的虾苗20~30千克。经过运输的虾苗，需要经过温差调节后再放养，将虾筐连虾浸入养殖池水中1分钟，提起放置3~5分钟，连续2~3次，平衡水温时间8~10分钟，温差控制在±2℃以内。平衡温差后，用浓度为20克/米$^3$的高锰酸钾溶液浸泡虾苗1分钟，然后沿池塘四周，将虾苗分散投放于池塘斜坡水边或中间浅水区，让虾自行爬入水中。

### 3.投喂管理

小龙虾食性杂，食量大。饲料的质量、投饲量和投喂时间等直接关系到小龙虾的生长速度、规格、品质和疾病抵抗力等。饲料的精准投喂是提高小龙虾养殖产量和效益的关键。第一茬小龙虾养殖时间段为3—6月，需要遵循“定时、定质、定量”的投饲原则。

(1)定时。3月份，每天下午5:00—6:00投喂1次；4—5月，每天投喂2次，分别在上午7:00—8:00和下午5:30—7:00各投喂1次；6月份，每天下午5:30—7:00投喂1次。

(2)定质。选用小龙虾全价配合饲料(蛋白质含量为30%~34%，粒径为2~3毫米)、黄豆、玉米、小麦等进行投喂，黄豆、玉米、小麦等需要煮熟后再投喂。

(3)定量。3月份,日投饲率为1%左右,每天每亩投喂量为0.25~0.5千克,每天投喂1次;4—5月,日投饲率为2%~4%,每天投喂量为1~2千克,每天投喂2次,上午投喂黄豆、玉米、小麦,下午投喂全价配合饲料,以下午投喂为主(下午投喂量占总投喂量的70%);6月份,日投饲率为1%~2%,每天投喂量为0.5~1千克,每天投喂1次。全塘均匀投喂,并设置查料食台,根据摄食、天气、水质、夹草等情况酌情增减投喂量。

#### 4.水质调控

小龙虾对环境的适应能力及耐低氧能力很强，但长时间处于低氧和水质恶化的环境中,水体中的氨氮、亚硝酸盐、硫化氢等有毒有害因子会影响小龙虾的摄食、蜕壳频率等,并对虾的肝肠产生伤害,增加病害发生率,影响养殖产量和品质,从而影响到养殖效益。养殖小龙虾的池水要掌握“春浅、夏满”和“先肥、后瘦”的原则。

(1)水位调节。平底塘,3月份,保持池塘水位为30~40厘米;4月份,保持水位为50~60厘米;5月份,保持水位为70~80厘米。“环沟+平台”塘,3月份,保持平台水位为20~30厘米;4月份,保持水位为30~35厘米;5月份,保持水位为50~60厘米。

(2)水质调节。3月份,以培肥水体为主,促进天然饲料和水草生长,控制水体透明度在30厘米左右;4月份,培肥水体,结合泼洒EM菌等微生态制剂调节水质;5—6月主要利用芽孢杆菌等微生态制剂和底质改良剂来改善底质并调节水质,保持水体透明度在30~40厘米。进入4月份后,每隔5~7天换水1次,每次换水量为20%~50%,保持水体肥活嫩爽。

### 三 第二季小龙虾养殖

#### 1.虾苗放养前准备

(1)清除野杂鱼。5月中下旬,第一茬小龙虾养殖结束后,彻底排干池水,暴晒5~7天,当池底呈现龟裂状为佳,以清除野杂鱼类和伊乐藻。晒塘后,平底塘,进水5~10厘米深,有沟塘在沟中加水为5~10厘米深。如发现野杂鱼没有清除干净，可以再用茶籽饼清除野杂鱼，每亩用量为7.5~10千克，彻底杀灭野杂鱼。

（2）种植水草。此时可以选种耐高温性轮叶黑藻。平底塘，加水为5~10厘米深，按照行距8米、株距3米移栽轮叶黑藻。有沟塘，采取先沟后平台的顺序移栽水草，首次将沟中加水5~10厘米深，每隔7~10米，移栽一团轮叶黑藻；随着水草活棵，逐渐加水淹没平台5~10厘米，平台上按照行距8米、株距3米移栽轮叶黑藻。每团水草直径为20~30厘米，待水草活棵后，逐渐加水，根据水草生长情况，适量施用草肥、复合肥和磷肥来促进水草生长。经过20~30天的生长，当轮叶黑藻覆盖面积为30%~40%时，即可放养虾苗；后期若水草疯长，应及时割草头及疏密，将水草覆盖面积控制在50%左右，水草呈分散分布，形成水草区和水草空当区。

### 2.虾苗投放

（1）虾苗选购时间。6月中下旬，选择连续晴天早晨，进行第二茬虾苗投放。

（2）虾苗来源。可以从自家养殖池选择规格在10克以下的虾苗，或者就近从附近水质良好的小龙虾养殖场选购。

（3）虾苗质量。虾苗要求色泽光亮、体色微红、活力强、附肢齐全、无病无伤，规格为100~160尾/千克。

（4）虾苗运输。利用空调车装载运输虾苗，控制车内温度在15~20℃，使用专用虾筐装载虾苗，虾筐规格为60厘米×40厘米×15厘米。遵循“轻装快运”原则，每筐装虾苗5~6.5千克，使各筐卡扣咬合紧密，并在最上面放置一个空筐。虾苗起捕后不上分拣台，直接装筐运输。应选择清晨低温时起运，运输时间控制在2小时以内为宜。

（5）虾苗放养。虾苗投放方法与第一茬虾苗放养方法基本相同。沿池塘四周和池塘中间浅水区域均匀投放，让虾自行爬入水中，每亩投放量为30~40千克。

### 3.投喂管理

第二季小龙虾养殖，要经过夏季高温季节，主要投喂小龙虾颗粒饲料（蛋白质含量为30%~34%，粒径为2~3毫米）和黄豆、玉米、小麦等。每天下午5:30—7:00投喂1次。6月份，日投饲率为2%~3%，每天每亩投喂量为1~2千克；7—9月，日投饲率为1%~2%，每天每亩投喂量为0.5~1千克。颗粒饲料可以和黄豆、玉米、小麦混合投喂，也可以交替投喂，全池均匀投喂。设置查料食台，根据剩料、天气、水质等情况酌情增减投喂量。水温高于33℃时可以少喂。

### 4.水质调控

（1）水位调节。平底塘，6月份，保持水位为50~60厘米；7—8月，保持水位为60~80厘米；9—11月，保持水位为60~70厘米。“环沟+平台”塘，6月份，保持平台水位为40~45厘米；7—8月，保持水位为60~70厘米；9—11月，保持水位为50~60厘米。

（2）水质调节。夏季高温季节，每隔5~7天换水1次，每次换水量为20%~50%，换水后泼洒一次芽孢杆菌、EM菌、光合细菌等微生态制剂来调节水质。每10~15天，交替进行生物改底和氧化改底1次，以保持池塘底质和水质优良。

### 5.养护水草

水草既是小龙虾的栖息场所，也是小龙虾的天然饲料；水草既能改善和稳定养殖水质，又可起到遮阴降温作用。在夏天水草旺盛时要定期刈割，并及时施用肥料，以促进水草重新长出新芽，避免水草老化死亡，引起水质恶化。

## 四 捕捞

由于小龙虾个体生长发育速度差异较大，养殖过程中要及时捕大留小，稀疏存塘虾量，以促进存塘小龙虾继续快速生长，提高养殖规格和产量。4月中下旬，虾苗投放后20~30天，开始用网目尺寸为3.5厘米的大网眼虾笼轮捕规格为20克/尾以上的虾上市，至5月中下旬结束。第二季小龙虾养殖，7月下旬至8月初，开始利用网目尺寸为3.5厘米的大网眼虾笼轮捕规格为20克/尾以上的虾上市，并捕大留小；至11月上旬，干塘起捕所有小龙虾上市销售，接着进行充分晒塘，进入下一个养殖循环。

## 第二节　池塘小龙虾、河蟹生态混养技术

小龙虾与河蟹皆为我国重要的淡水经济甲壳类动物，小龙虾和河蟹食性相似，物种间存在一定的竞争，但协调好物种间的生存时空，同样可以取得虾蟹双丰收，从而增加池塘养殖的经济效益（图4–2）。

图4–2　小龙虾、河蟹混养池塘

### 一　池塘建设

#### 1.开挖环形沟

池塘面积以20~40亩为宜，呈长方形，要求池塘无渗漏，有较好的储水和保水性。沿池塘四周开挖环形沟，沟宽4~8米，深0.8~1米，利用开挖的塘

泥，加高加宽塘埂，埂高0.8~1米，埂宽1.5米以上，沟坡比为1:(3~5)，将池塘建设成“环沟+中央平台”格局，其中环形沟面积占池塘总面积的20%~30%，平台面积占池塘总面积的60%~70%。

**2.防逃设施**

防逃材料选用厚塑料薄膜等光滑耐用材料，防逃设施要与埂面垂直，基部埋入土壤中10~20厘米，顶端高出埂面50~60厘米，每隔1~1.5米，使用木棍或竹竿支撑防逃设施。防逃设施外围设置1.5米高防护网，以免家禽牲畜进入。

**3.进排水系统**

进排水系统分开，进排水口设置在池塘一条对角线两端，进水口设置在埂上，进水时进水口使用80目双层筛绢网布兜住，排水口设置在池塘环形沟底端，并套设20~40目的密眼网罩，以防止野杂鱼顺水或逆水进入池塘。

**4.围网设置**

围网材料可选用聚乙烯网片加塑料薄膜，在中央围滩加水之前，沿中央围滩四周及离环形沟1~2米处设置简易围网，围网埋入土下10~20厘米，顶端高出围滩80~100厘米，在网片顶端缝制双面宽8~10厘米的塑料薄膜。6月中旬前，将小龙虾放在围网内区域养殖，河蟹暂养于围网外环沟中；6月中旬后，围网中小龙虾捕捞基本结束，此时可拆除围网，让河蟹进入平台水草区，增加河蟹活动空间，以促进河蟹快速生长。

## 二 虾蟹苗放养前准备

**1.池塘消毒**

12月份，彻底排干池水，清除过多淤泥，冻晒一个月以上，晒到塘底发白、干硬呈龟裂状。翌年1月份，将环形沟进水15~20厘米深，按照环形沟面积计算，每亩使用生石灰75~100千克，将生石灰用水溶化成浆后趁热全沟均匀泼洒。

### 2.水草种植

水草是小龙虾、河蟹生长过程中不可缺少的植物性饲料，在缺少水草的水域中淡水小龙虾生长慢，死亡率高，养殖成本大。因此，养殖小龙虾、河蟹的关键步骤是合理种植水草。在水草丰盛的池塘中，水草除具有提供饲料的功能外，还有净化水质功能、隐蔽功能、增氧功能和遮阴降温功能。水草生长旺盛的池塘通常会有较好的养殖生态环境，良好的生态环境可以促进小龙虾、河蟹快速生长，增加养殖产量，并且可使虾蟹肉质鲜美、品质优良，有利于品牌的创建和销售价格的提高。1月份，在环形沟中选种伊乐藻，将环形沟进水20~30厘米深，每隔1.5~2米交错移栽1团伊乐藻，伊乐藻直径为20~30厘米，待水草活棵后逐步加深水位。当水位淹没中央浅滩5~10厘米时，按照行距10米、株距4米种植伊乐藻，每团水草直径为20~30厘米，水草活棵后逐渐加深水位。根据水草生长情况，适量施用草肥、复合肥和磷肥等，促进水草生长。5月份，小龙虾捕捞结束后，将水位降为5~10厘米，清除过多伊乐藻，在浅滩上，按照行距4米、株距1米移栽轮叶黑藻，每团水草直径为10~20厘米，待水草活棵后，逐渐加深水位，并适量施用草肥，以促进水草生长。

### 3.投放螺蛳

河蟹喜食螺蛳，清明前后，每亩环形沟投放螺蛳200~300千克，以促进河蟹生长。轮叶黑藻移栽后，在环形沟中补投螺蛳150~200千克，浅滩每亩投放螺蛳200~300千克，投放时全塘均匀撒开。

## 三 虾蟹鱼苗放养

### 1.蟹苗放养

2—3月，按照池塘总面积计算，每亩放养规格为120~160只/千克的河蟹800~1 200只，投放于环形沟中暂养。要求放养的蟹种规格整齐、附肢齐全、无病害和有较强的活力，沿环形沟四周均匀投放。

### 2.虾苗放养

3—4月，在围网内围滩上放养规格为160~240尾/千克的虾苗，按照浅滩面积计算，每亩放养20~30千克。虾苗要求色泽光亮、虾壳微红、活力强、附肢齐全、无病无伤，在浅滩上均匀投放。

### 3.鲢鳙鱼放养

蟹苗放养15天后，在环形沟中，每亩放养鲢鳙鱼(数量比为1:3)一龄大规格鱼苗10~15尾，用来调节水质。

## 四 投饲管理

饲料选用河蟹全价配合饲料(蛋白质含量为28%~36%，粒径为2~3毫米)、冰鲜鱼、玉米等。养殖前期，即河蟹前三次蜕壳期，利用简易围网，将河蟹与小龙虾分开养殖，分开投喂；河蟹三次蜕壳以后，即6月中旬以后，池塘中大部分小龙虾已捕捞上市，此时可拆除简易围网，让河蟹进入中央围滩草区，河蟹、小龙虾一起投喂。6月中旬以后，虾蟹需要足量投喂，以防止虾蟹相互残杀。

### 1.河蟹投饲管理

遵循“定时、定点、定质、定量”投饲原则；饲料种类及搭配遵循“前期精，中间青，后期荤”的原则。可根据季节变化和河蟹摄食情况适当调整投喂量。

3月至4月上旬，当水温升为10℃以上时，投喂河蟹全价配合饲料(蛋白质含量为32%以上)，日投饲率为1%左右。

4月中旬至5月上旬，可选用河蟹全价颗粒饲料(蛋白质含量为32%以上)、小杂鱼及玉米、黄豆搭配投喂，其中全价颗粒饲料占50%，日投饲率为2%~3%。每天傍晚投喂1次，沿环形沟浅水区呈“一”字形均匀投喂。

5月中旬至6月上旬，可选用河蟹全价颗粒饲料(蛋白质含量为32%以上)、小杂鱼及玉米、黄豆搭配投喂，其中全价颗粒饲料占50%，日投饲率为3%左右。每天傍晚投喂1次，沿环形沟和浅滩浅水区呈“一”字形均匀投喂。

6月中旬至7月，河蟹经过第三次蜕壳期，拆除围网，让河蟹进入中间围滩，可选用河蟹全价颗粒饲料（蛋白质含量为32%以上）、小杂鱼及玉米、黄豆搭配投喂，全价颗粒饲料占50%，日投饲率为4%~5%。每天傍晚投喂1次，沿环形沟和中央浅滩呈"一"字形均匀投喂。

7月至8月初，河蟹进入第四次蜕壳期，以投喂植物性饲料南瓜、小麦和玉米为主（占70%），全价河蟹配合饲料（蛋白质含量为28%左右）、冰鲜鱼为辅，日投饲率为5%~10%。每天傍晚投喂1次，沿池塘四周浅滩、环形沟浅水区及围滩浅水区的水草空当区均匀抛撒投喂。

8月上旬至10月底，河蟹进入第五次蜕壳期，为保证河蟹营养积累，长膘增重，以河蟹配合饲料（蛋白质含量为36%左右）、冰鲜鱼为主（占70%以上），并辅以投喂玉米等植物性饲料，日投饲率为5%~10%。每天傍晚投喂1次，沿池塘四周浅滩、环形沟浅水区及围滩浅水区的水草空当区均匀抛撒投喂。

### 2.小龙虾投饲管理

小龙虾主要生活在围滩上，生长季节为3月中下旬至5月中旬，主要投喂小龙虾全价颗粒饲料（蛋白质含量在32%以上）。3月份，日投饲率为1%；4—5月，日投饲率为2%~4%。每天下午5:30—7:00投喂1次，要求足量投喂，以防止饲料不足，导致水草被大量夹断、摄食。同时，视水质、剩料、天气等情况，酌情增减投喂量。

## 五 水质调控

### 1.水位调控

根据月份来调控池塘中央围滩的水位。具体见表4-1。

表4-1　每月水位调控情况表

| 月份 | 3 | 4 | 5 | 6 | 7 | 8 | 9 | 10 | 11 |
|---|---|---|---|---|---|---|---|---|---|
| 中央围滩水位/厘米 | 10～20 | 20～30 | 40～50 | 50～60 | 60～70 | 60～70 | 50～60 | 50～60 | 50～60 |

**2.水质调节**

在整个养殖过程中，若水草头露出水面或疯长，需要及时打头及疏密，同时需要适当施用氨基酸肥水膏等来培肥水体，以促进水草重新发芽生长。进入4月份后，每月换水1~2次，每次换水量为池塘原水量的10%~20%。每月全池泼洒1~2次芽孢杆菌、EM菌、光合细菌、乳酸菌等微生物制剂来调节水质。进入5月份后，交替使用氧化改底剂和生物改底剂来改良底质。保持池塘的溶解氧在5毫克/升以上，养殖前期与后期，控制池塘水体透明度为30~40厘米；高温季节，控制水体透明度在50厘米左右。

## 六 水草养护

4—5月，若水草头露出水面，要及时打头，将水草头保持在水面下20厘米；5—6月，若伊乐藻疯长，要及时疏密，梳理出草道。养殖期间，保持水草覆盖率为50%~60%，若水草被小龙虾、河蟹破坏过多，可补栽水花生、水葫芦等浮性水草。在水草割断及补栽水草后，应及时全池使用富含硼肥、生根因子、活性酵素、有益菌类壮根粒粒肥等产品，以增强水草的生长活力。

## 七 适时捕捞

4月中旬，在中央围滩设置虾笼，诱捕20克以上的小龙虾上市销售，并捕大留小，至5月中旬结束；9月下旬，河蟹规格平均为每只150克，可在池塘中设置地笼进行诱捕河蟹上市出售；10—11月，河蟹成熟上埂，可在塘埂上徒手捕捉，捕获的河蟹用专池或网箱暂养待售，也可直接出售；12月份进行干塘捕捞全部鱼、虾、蟹上市销售。

# 第三节　池塘小龙虾、青虾轮养技术

小龙虾、青虾皆为我国重要的淡水经济虾类，它们肉质细腻、味道鲜美、营养丰富并富含钙质，深受我国广大消费者青睐，市场价格稳步提升。根据小龙虾上半年生长速度快、青虾下半年生长速度快等特点，可采取池塘小龙虾、青虾轮养技术模式，以提高池塘养殖经济效益（图4–3）。

图4–3　小龙虾、青虾轮养池塘

## 一 池塘工程

### 1.池塘条件

池塘面积以3~5亩为宜，呈东西走向，宽度20~40米，长80~85米，池塘可储水位为1.0~1.2米，池底平坦，塘埂坡比为1:(2.5~3)，塘埂宽度在1米左右。

### 2.进排水系统

按照高灌低排原则，在池塘对角线上设置进排水口。进水口设置在塘埂上，进水口套设80目双层筛绢网袋；排水口设置在池塘对角线的另一端的最低处，排水口套设20~40目的密眼网罩。

### 3.防逃设施

在养殖场四周塘埂外围，选用聚乙烯网片和厚塑料薄膜或单用厚塑料薄膜等光滑耐用材料来设置防逃墙。防逃墙要与埂面垂直，基部埋入土壤内10~15厘米，顶部高出池埂30~40厘米；每隔1~1.5米用竹竿或木棍支撑防逃墙。

### 4.增氧设施

每亩池塘配置功率为0.3~0.4千瓦的罗茨风机，沿池塘四周设置纳米增氧盘，每隔8米设置一个直径为80厘米的增氧盘。

## 二 池塘小龙虾养殖

### 1.虾苗放养前准备

（1）清塘暴晒。1月份，青虾捕捞结束后，彻底排干池水，清除过多淤泥和杂物，保持淤泥厚度为10~15厘米，彻底冻晒20天以上，使池底呈龟裂状即可。

（2）消毒。2月份，池塘加水为10~20厘米深，每亩池塘使用75~100千克生石灰或者10~15千克漂白粉全池消毒，也可以每亩全池遍撒茶籽饼10~15千克，以彻底清除野杂鱼、敌害鱼类和病原微生物等，为小龙虾提供一个安全、安静的生长环境。

（3）水草移栽。池塘消毒后，在池塘中央，按照行距10米、株距4米移栽伊乐藻，每团伊乐藻直径为20~30厘米。

（4）加水肥水。待水草活棵后，逐渐将水位加为30~40厘米；根据水草生长情况，适时施用氨基酸肥水膏等，以培肥水体，促进水草快速生长。

### 2.虾苗放养

3—4月，每亩投放规格为160~200尾/千克健康活泼的小龙虾虾苗20~30千克，沿池塘四周浅水区均匀投放。

### 3.饲料投喂

饲料选用小龙虾全价配合饲料（蛋白质含量为30%~34%，粒径为2~3毫米）。3月份，日投饲率为1%，每天每亩投喂量为0.25~0.5千克；4—6月，日投饲率为2%~4%，每天每亩投喂量为1~2千克。饲料全池均匀投喂，每口塘设置食台2~3个，根据饲料摄食情况可酌情增减投喂量。

### 4.水位、水质调控

养殖前期，每隔7~10天加水1次，每次加水5~10厘米深；养殖中后期保持池塘水位为60~80厘米。

5—6月，每隔7~10天换水1次，视水质情况，每次换水量为20%~50%；每隔10~15天，每亩施用氨基酸肥水膏1~1.5千克和EM菌4~5千克调节水质1次，将水体透明度控制在30厘米左右。进入5月份后，晴天中午12:00—14:00开启增氧机2小时，23:00再次开启增氧机至第二天日出关机，以保证池塘溶解氧在5毫克/升以上。

### 5.水草养护

4—5月，在伊乐藻即将长出水面时，利用割草机刈割草头，保持水草在水面下20厘米；5—6月，若水草疯长封塘，需要及时疏密，并割出草道。割草头、疏密后需要及时施用肥料，以促进水草重新发芽生长，保持水草活力。

### 6.小龙虾捕捞

虾苗放养后，经过精心饲养20~30天，利用网目尺寸为3.5厘米的地笼捕捞规格为20克以上的小龙虾上市销售，并捕大留小。5月底至6月初，改用密网眼地笼，并逐渐降低水位，强化小龙虾捕捞，尽量减少存塘虾量；6月上中旬，彻底排干塘水，暴晒15天以上，使塘底呈龟裂状，彻底清除野杂鱼，改善底质，为青虾养殖做好准备。

## 三 池塘青虾养殖

### 1.虾苗放养前准备

(1)清塘消毒。6月下旬，池塘注水20~30厘米深，每亩利用生石灰75~100千克，将生石灰用水溶化成浆后趁热全池均匀泼洒，以改善水质，增加水体钙质含量，杀灭病原微生物。

(2)水草种植。7月初，池塘消毒后3~5天，可移栽轮叶黑藻。按照行距10米、株距8米移栽一团轮叶黑藻，每团轮叶黑藻直径为20~30厘米；8—9

月，若水草头露出水面，需要及时割草头及疏密。

(3)加水施肥。随着水草活棵，逐渐将水位加深为50~60厘米；全池泼洒有机酸解毒剂1次，每亩使用氨基酸肥水膏1.5~2千克和小球藻4~5千克，培肥水体，使得水色呈绿黄色，水体透明度控制在25~40厘米。

### 2.青虾苗放养

7月中下旬至8月初，每亩放养规格为4 000~6 000尾/千克的青虾苗10~12.5千克，沿池塘四周均匀投放。

### 3.饲料投喂

饲料选择青虾专用全价颗粒饲料(蛋白质含量为33%~38%)。7—8月，选用1#料(蛋白质含量为36%，粒径为1.1毫米)，日投饲率为4%~5%，每天每亩投喂量为0.5~1.5千克；9月份，投喂2#料(蛋白质含量为38%，粒径为2.0毫米)，日投饲率为5%，平均每亩投喂量为1.5~2.5千克；10月份，投喂2#料，日投饲率为4%~5%，平均每亩投喂量为2~3千克。每天投喂2次，上午8:00—9:00和下午5:00—6:00各投喂1次(以下午投喂为主，占总投喂量的70%)，以2小时之内吃完为宜。11月份，日投饲率为0.5%，平均每亩投喂量为0.5千克，每天下午4:00—5:00投喂1次；11月下旬，当气温降为10℃以下时，可停止投喂。饲料应全池均匀投喂，在池塘中设置食台，根据青虾的摄食情况可酌情增减投喂量。

### 4.水质调控

8月份，保持池塘水位为100厘米左右；9—10月，保持水位为80厘米左右；进入11月份后，将水位加深为100~120厘米。9—10月，每隔10~15天换水1次，每次换水量为10%~15%；换水后，使用一次EM菌2.5千克和小球藻4~5千克调节水质。每隔15~20天，泼洒生石灰水一次，平均每亩用量5千克。晴天中午12:00—14:00开启增氧机2小时，晚上23:00再次开启增氧机至第二天日出关机；雷雨闷热等异常天气要及时开启增氧机，以保证池塘溶解氧在5毫克/升以上。

### 5.青虾捕捞

进入12月份，利用密网眼地笼捕捞规格为4厘米以上的青虾上市销售,将规格为4厘米以下的虾苗进行并塘越冬。翌年1月份,排干塘水,捕捞全部青虾上市;同时进行池塘清整消毒,为小龙虾养殖做好准备。

# 第五章 藕田、茭白田小龙虾种养技术

淡水小龙虾是一种对环境有较强适应能力的虾类品种。我国藕田、茭白田资源丰富，莲藕和茭白植株较高，一般6月份以后，可以保持较高水位，且植株遮阴能力强，利于夏季水体降温，同时藕田、茭白田天然饲料丰富，可以在夏季高温季节养殖热水虾和冬春季养殖早虾，此阶段市场小龙虾供应量短缺，市场价格较高，利于实现藕田、茭白田增产增效。

## 第一节　藕虾共作技术

我国藕田资源丰富，但如果单纯种藕，藕田空间、天然饲料等资源利用率不高。如果在藕田浅水环境养殖小龙虾，可充分利用藕田水体空间和天然生物资源，且小龙虾可摄食藕田病害虫，减少农药使用量，可提高藕田种养产出，进而增加藕田综合种养经济效益(图5-1)。

图5-1　藕虾共作模式

## 一 藕田工程

“藕虾共生”的田块应尽量选择电力设施齐全、地势低洼、保水性能好、周围没有污染、水质良好、水量充足、进排水及交通等都方便的田块。藕田面积以20~40亩为宜，虾沟是小龙虾栖息和夏季高温时避暑的主要场所，可减少莲藕种植过程中施肥及用药对小龙虾的危害。充分利用冬末或初春时间，在藕田的四周开挖环形沟，环形沟宽2.5~4米，沟深0.8~1.2米，虾沟面积不要超过藕田面积的10%。并利用开挖的泥土，加高加固田埂，田埂高出田面60~80厘米，埂宽1~2.5米。按照高灌低排原则，进水渠道建在田埂上，排水口建在虾沟的最低处，使养殖用水进得来、出得去。进水时，进水管口套设80目的双层筛绢过滤网袋，以防敌害生物和小杂鱼等随水流从进水口进入田中；排水口设置20~40目密眼网罩，以防止小龙虾从出水口逃走。在田埂四周外围，利用厚塑料薄膜等耐用材料设置防逃设施，其下部埋入土壤中10~20厘米，顶端高出埂面30~40厘米，每隔1~1.5米用木桩或竹竿支撑固定，以防止小龙虾攀爬逃逸。

## 二 莲藕定植

### 1.藕田施肥

在莲藕定植前，藕田要施足基肥，一般每亩藕田施用发酵好的有机肥1 000~2 000千克。

### 2.藕种定植

进入4月份，清明后就可定植，每亩定植100~200千克。按照行距2米、穴距1米定植。种藕藕枝按10°~20°角度斜插入土，藕头入土深10厘米左右，后把节梢翘露水面。各穴间在田间呈三角形对空排列。要求田块四周边行藕头全部向内，其内藕行从两边相对排放，至中间两条对行间的距离则加大至4.5米。

## 三 放养虾苗

5月中下旬，藕萌发较好后，可以放养规格为100~200尾/千克的健康小龙虾苗，每亩藕田放养25~40千克（折合每亩放养4 000~6 000尾）；9—10月，补放规格为10~15克/尾的秋季虾苗10~15千克，沿虾沟均匀投放。

## 四 饲料投喂

虾苗投放后第2天开始投喂，饲料可选择小龙虾全价配合饲料（蛋白质含量为30%~34%，粒径为2~3毫米）和黄豆、玉米等。其中5—6月、9—10月，投喂小龙虾全价配合饲料，日投饲率为1%~2%，每天每亩投喂量为0.5~1千克；7—8月，主要投喂煮熟的黄豆和玉米，每隔2~3天投喂1次，日投饲率为1%~2%，每次每亩投喂量为0.5~1千克；12月至翌年3月，选择晴天，每周适当投喂配合饲料1~2次。水温高于33℃和低于10℃时，不投喂饲料。根据天气、水质、摄食情况可酌情增减投喂量。

## 五 藕田管理

### 1.水位管理

藕种定植期保持藕田水位为5厘米；5—6月，保持水位为30~40厘米；进入7月份后，保持水位为40~60厘米。

### 2.施肥管理

分别于莲藕的1~2片立叶期和封行前各追施一次肥，每次每亩追施复合肥15千克。若以采收青荷藕为目的，则停止追肥；若以采收枯荷藕为目的，则于后栋叶出现时追施第3次肥，每亩施用尿素和硫酸钾各10千克。

### 3.除草管理

莲藕定植前，结合翻耕整地工作清除杂草1次；莲藕定植后至封行前，人工再除杂草1次。

4.病虫害防治

主要利用井冈霉素、春雷霉素等高效低毒农药防治莲藕腐败病和褐斑病,利用阿维菌素等高效低毒杀虫剂防治莲缢管蚜和斜纹夜蛾等虫害。

## 六 收获

1.小龙虾捕捞

7—10月,利用网目尺寸为3.5厘米的大网眼地笼轮捕商品虾上市;翌年2—4月，利用网目尺寸为0.6厘米的小网眼地笼将小龙虾全部捕捞上市;进入4月份,藕种定植前,尽量减少存田虾量,若小龙虾较多,会影响藕种发芽,可以采用敌百虫、菊酯类药物彻底杀灭。

2.莲藕采收

7—8月为青荷藕主要采收期,枯荷藕可采至翌年4月底。莲藕采收以人工采收为主,要求尽量保持藕身完好,不伤及表皮;莲藕采收后应立即用清水洗净,带泥量保持在1%以下。

# 第二节　茭虾共作技术

茭白田可为小龙虾提供生长水域空间和遮阳环境,以及杂草、水生昆虫和有机碎屑等天然生物饲料;小龙虾可为茭白田除草、驱虫、松土、增肥等,从而实现茭白与小龙虾互惠互利,提升茭白和小龙虾产品质量,提高农田单位面积经济效益(图5-2)。

## 一 田块选择

田块要求靠近水源,且水量充沛,水质清新无污染;底质为壤土,保水、保肥性好,田埂宽厚,田面平整,周围开阔;桥涵闸站配套齐全,通水、通电、通路。

图5-2　茭虾共作模式

## 二 田间工程

可根据农田地貌类型和单块田面积，开挖环形、“U”形、“L”形或单边沟。沿农田四周开挖虾沟，沟宽2.5~4米，沟深0.8~1.2米，沟坡比在1:1.2以上，虾沟面积占茭白田总面积控制在10%以内；利用开沟的泥土加固、加高田埂，要求埂高0.6~0.8米，埂面宽1.5~2米。防逃材料选用聚乙烯网片和厚塑料薄膜或单用厚塑料膜等光滑耐用材料，基部埋入土壤内10~15厘米，顶端高出埂面30~40厘米，防逃设施与埂面垂直。进水口用80目双层筛绢网布过滤，筛绢网布制成3~4米网袋，口径根据进水口设置，排水口设置20~40目密眼网罩。

## 三 茭白栽植

### 1.茭白品种选择

茭白要选择分蘖力强、孕茭率高、抗逆性好、肉茎肥嫩、味道鲜美的品种。单季茭可选用北京茭、无锡茭等品种，双季茭可选用杭州茭、宁波茭等品种。

### 2.整地与定植

进入4月份，清明前后，进行茭白田整地与茭白苗移栽。整地要求做到田平、泥烂、肥足。翻耕前撒施基肥，按照田面面积计算，每亩施腐熟的有机肥1 000~1 500千克，再用旋耕机旋耕、耙平，旋耕深度为17~20厘米，保持田面水深3~5厘米。田地整平后，选在傍晚或阴天，随挖苗、随分株、随定植，先剪去叶尖，保留株高25~30厘米，采用宽行窄株种植方法，按照行距1~1.2米、株距0.5~0.8米，每亩栽1 000~1 200穴，每穴栽苗2~3株。

## 四 虾苗放养

### 1.放养前的准备工作

茭白定植前，清除虾沟内杂物和杂草，并注水5~10厘米深，使用块状生石灰消毒，按虾沟面积计算，每亩虾沟生石灰用量为75~100千克，用水将生石灰溶化成浆后趁热在虾沟内均匀泼洒，来清除黄鳝、泥鳅、黑鱼等野杂鱼类及病原微生物。清整消毒3~5天后，进行水草移植，水草可选择伊乐藻等，沿虾沟移栽，每隔7~10米移栽一团，每团水草直径为20~30厘米。水草移栽前应使用浓度为10克/米$^3$漂白粉（有效氯含量为30%）浸泡消毒10分钟，清洗后移栽。

### 2.虾苗放养

4月下旬至5月上旬，选择连续晴天的早晨进行小龙虾虾苗放养。虾苗要求健康活泼、附肢完整、无病无伤，放养虾苗规格为160~240尾/千克，每亩放养量为25~30千克；沿虾沟四周浅水区均匀投放虾苗，让虾自行爬入水中，栖息于水草下面。

## 五 饲料投喂

虾苗投放后第2天开始投喂饲料，主要选用小龙虾全价配合颗粒饲料（蛋白质含量为30%~34%，粒径为2~3毫米），搭配投喂小麦、玉米、黄豆等植物性饲料，并遵循“两头精、中间粗”的投喂原则。养殖前期（5—6月），每天下午5:30—7:00投喂配合饲料，日投喂率为2%~4%；7—9月，主要投喂谷物性饲料，每隔2~3天投喂1次，每天下午5:30—7:00投喂，日投饲率为1%~2%。夏季在茭白田四周设置频振式杀虫灯，诱虫落入水中，供小龙虾摄食。具体日投喂量可视天气、摄食状况及水质酌情增减。如遇到闷热、低压、阴雨等恶劣天气，可少喂或停喂；第2天若有剩料则适当减量。

## 六 田间管理

### 1.追肥管理

追肥以有机肥为主、化肥为辅，追肥时坚持“少量多次”原则，追肥应避开小龙虾大量蜕壳期。茭白栽植后7~10天进行1次提苗追肥，每亩施用腐熟的有机肥500千克左右，以促进茭白幼苗生长；在分蘖期进行第2次追肥，每亩追施有机肥500千克左右；栽植后1个月，若植株长势较弱，再追施1次分蘖肥，每亩施用尿素10~15千克，如植株长势旺盛，可免施。7月底追施1次孕茭肥，约有20%的植株孕茭时，每亩施用尿素15千克。

### 2.水浆管理

茭白田水位调节应采用“前浅、中深、后浅”的调控原则。茭白萌芽至分蘖前期，保持3~5厘米浅水位，以提高地温，促进茭白发根和有效分蘖；茭白分蘖后期水位逐渐加深为10~15厘米，以抑制无效分蘖；当气温超过35℃时，应适当深灌降温，并定期换水，以防止土壤缺氧引起茭白烂根。进入茭白孕茭期，田间水位应加深为15~18厘米。秋茭采收后期，应降低田间水位，以利采收。茭白进入休眠期和越冬期时，茭白田应保持2~4厘米的浅水或湿润状态。

### 3.剥黄叶、补苗

茭白种株定植后15天，原来的老叶渐渐枯死，这时要及时去黄衣、老叶、病叶，剪去晒干部分，以增加通风透光，减少病虫害，有利于茭白分蘖苗生长。若剥叶时发现死株，要及时补上新苗，确保全苗。将黄叶埋入田内或带出田外烧毁。

#### 4.调水与水位调控

茭白田水位较浅，水质变化较快，尤其在盛夏季节，应定期换新鲜水，以保持水质清新，溶解氧充足；换水宜在中午10—11时进行，边灌边排，以保持水位、水温相对稳定。4—6月，每隔15~20天换一次水，每次换水量为20%~30%；7—9月为高温季节，应保持每隔5~7天换一次水，每次的换水量为30%~40%。

#### 5.病虫害防治

在实际生产中，茭白主要发生的病虫害有锈病、稻瘟病、纹枯病、胡麻叶斑病、小菌核病、大螟、二化螟、蚜虫和叶蝉等。其中细菌性病害均因高温高湿引起，主要采用生态预防的方法：一是消除菌源，如栽培无病品种，越冬时烧茭墩，消除病株病叶，换田等；二是增施基肥和磷钾肥，中后期少施氮肥等；三是合理密植，前期浅灌，中期适当搁田等；四是把握发病早期的防治。

虫害主要采取生物预防方法，如利用小龙虾摄食部分害虫，冬季齐地面割除枯黄茎叶并集中烧毁，以消灭越冬幼虫等。若需要进行药物防治时，应选择高效低毒农药，并严格把握农药的安全浓度，避免使用含有机磷、菊酯类型的杀虫剂。一般在早晨露水大时喷散粉剂农药，下午茭白叶干燥时喷施水剂农药；喷药时田面加水至20厘米，选用孔径0.7毫米的喷头，将药液喷在植株中上部，避免药液落入水中产生药害。严禁雨前施药；若喷药浓度过高产生药害时，应立即灌“跑马水”来稀释药液的浓度，以缓解药害。

### 七 捕捞与采收

#### 1.小龙虾捕捞

6月上旬，利用网目为3.5厘米的大网眼地笼捕捞商品虾上市，且捕大留小，轮捕上市销售，一般可捕捞到9月份。

### 2.茭白采收

单季茭白9—10月即可采收上市销售，双季茭白分为每年6月份采收和10—12月采收上市销售。当基部孕茭部分明显膨大,叶鞘一侧因肉质茎的膨大而被挤开,露出0.5~1厘米,即可进行秋茭采收。一般每隔4~5天采收一次,采收时不能损伤其他植株,因为就整个田间的茭白群体而言,其生长、孕茭、采收是同时进行的,如果这时植株受到损伤,所结的茭白就较小。采收下来的茭白只剥去外部叶鞘,留下30厘米左右长的内部叶鞘,可以保持茭白肉5~7天不变质,有利于短期贮藏或运销外地。

# 第六章 小龙虾主要疾病及防治

每年4—6月，春夏交替，气候骤升且多变，稻茬等大量腐烂，剩余饲料、粪便大量沉积水底，易导致水体环境变差，水草活力差，溶解氧下降，氨氮、亚硝酸盐类、硫化氢等有毒有害因子超标，进而会导致小龙虾免疫力下降。密度过高，运输、放苗、捕捞等操作，也会造成小龙虾受伤，白斑病毒、柠檬酸杆菌、嗜水气单胞菌、纤毛虫等病原体也乘机大量滋生，常导致小龙虾暴发疾病，甚至大量死亡，且死亡个体多数为20克以上商品虾，俗称“五月瘟”，常造成养殖户重大损失。为此，本书接下来将详细介绍小龙虾主要疾病的表现特征、流行特点以及防治措施等，为广大养殖户提供参考和借鉴。

## 第一节 小龙虾主要疾病及流行特点

### 一、小龙虾疾病主要表现特征

只有深入理解小龙虾的生物学特性和了解小龙虾正常行为模式后，才能正确判断小龙虾是否生病或将要生病。判断养殖状态下的小龙虾生病的主要特征指标有以下几条：

#### 1.出现死虾

小龙虾没有严格意义上的腹腔，肠道被厚实的肌肉包裹，死亡后肠道等体内微生物发酵产气不足以让死虾自然漂浮到水面，因此小龙虾的死亡一般称为“偷死”。也就是,死后不见“浮尸”或很少见“浮尸”。虽然死亡是判断疾病的最直观指标,但由于小龙虾具有“偷死”现象,导致“死虾”这个指标反而不太容易执行。

**2.虾体表有病变**

由于虾龄、环境(如温度、水质)、饲料、生理或病理状态等因素都可能影响小龙虾的体色,因此不能单纯从体色来判断小龙虾是否生病。比较常见的体表病变包括小龙虾尾巴(尾扇)起水疱,头胸甲顶部起水疱,头胸甲呈现白点或白斑,头胸甲下的鳃发黑发褐等。

**3.虾的活力差**

健康小龙虾的活力好、行动敏捷、翻转自如。如果小龙虾活动能力弱,溜边,虾的螯足软弱无力,在水中受到惊吓后,出现尾扇击水无力、逃跑迟钝等现象,一般预示小龙虾可能生病了。

**4.虾上草上岸**

小龙虾在水体缺氧、水质不良(如氨氮、亚硝酸盐等有毒有害物质超标)、鳃损伤或鳃上纤毛虫寄生过多等情况下,均可能出现上草上岸现象。小龙虾上草上岸时间过长,会导致虾鳃脱水、损伤,进一步导致虾缺氧,形成恶性循环。缺氧是导致小龙虾生病的重要原因之一。

**5.剖检病变**

发病小龙虾主要剖检出的病变有:头胸甲剥离后胸腔积水,肝胰腺状态松散,颜色为白色、灰色、蓝色或褐色,有黑褐色斑点;空肠空胃,肠道出现蓝色的节段或膨胀节段。

## 二 引起小龙虾发病的主要因素

疾病发生的病因有内因和外因。目前,学界对小龙虾疾病的内因研究甚少,缺乏资料。小龙虾疾病的外因包括环境不良、饲料含有毒物质、病原体等。

影响小龙虾健康的因素中,环境因素大于病原体因素,饲料(营养)因素也大于病原体因素。

**1.体表损伤**

小龙虾的体表损伤部位主要在尾扇、头顶或体表，表现为甲壳起水疱、溃烂、穿孔等；其次为虾鳃，主要表现为虾鳃末梢溃烂、发黑或呈褐色。引起体表损伤的原因主要是捕捞、运输、水质不良、药物中毒等。

**2.环境源病因**

水质不良是最重要的环境源病因，如水浑浊、水褐色、底质黑臭或异味、蓝藻暴发、水温过高或过低。水质理化指标超标，氨氮高于1毫克/升，亚硝酸盐高于0.1毫克/升，硫化氢高于0.02毫克/升，pH日波动值高于1，pH低于7或高于9。

缺氧也是最常见病因，表现为小龙虾上草上岸，水体中的氨氮、亚硝酸盐、硫化氢等理化指标超标等。水质不良主要发生在割稻后，由于没有把水稻秸秆移走或打垛或支撑在稻桩上，导致秸秆腐烂；或者粪肥、化肥用量过大、稻茬腐烂，以及水草死亡腐烂等。

**3.饲料源病因**

饲料源病因主要包括饲料投喂不足、投料不均匀或者把饲料投在水草中虾找不到；其次是饲料中含有毒有害物质，容易识别的是饲料或原料霉变，不容易识别的有重金属超标、携带致病基因且呈现致病作用的病原菌、抗营养因子等。很多小龙虾发病或出现大虾吃小虾的现象，都跟虾饥饿有关。

**4.病原因素**

从健康或发病小龙虾内脏或血淋巴分离的病原有很多种类。而且从发病虾的内脏或血淋巴分离到的病原，都能从健康虾体内分离到。当环境良好、饲料充足时，小龙虾携带病原而不发病非常普遍；一旦遭遇环境突变、捕捉等应激时，小龙虾就很容易发病。树立携带病原养殖的观念，在当下是比较现实的选择。小龙虾携带的主要病原有以下几种。

病毒：包括白斑综合征病毒、虹彩病毒等。

细菌：柠檬酸杆菌属、肠杆菌属、不动杆菌属、假单胞菌属、产假杆菌属、气单胞菌属、黄杆菌属、弧菌属等。

真菌：水霉菌、螯虾丝囊霉菌等。

寄生虫：固着纤毛虫（累枝虫、聚缩虫、钟形虫、吸管虫等）、微孢子虫等原虫危害比较大；吸虫、绦虫、线虫、棘头虫等蠕虫少量寄生时对小龙虾危害不大；涡虫类的切头虫可能更多的是共生；寄生虾体的并殖吸虫对虾危害不大，但它却是人体内常见的寄生虫。

## 三 小龙虾疾病流行特点

### 1.寄生虫

小龙虾在水温较低（15℃以下）时，代谢慢、摄食少、蜕壳周期变长，很容易导致鳃和体表寄生的原虫和真菌不能随蜕壳而剥离虾体，影响呼吸，进而引起小龙虾缺氧及并发症，甚至死亡。

### 2.细菌病和病毒病

高温（25℃以上）季节，水体容易缺氧，随着投料、施肥的增加，容易引起底质及水质恶化，引起细菌和病毒的快速滋生增殖，这些都容易导致小龙虾疾病的暴发，引起五月瘟等疾病。

### 3.虾体损伤

小龙虾的体表损伤主要出现在放苗期、捕虾期。虾频繁地进出地笼、收捕时虾与地笼摩擦等都是小龙虾体表损伤的主要原因。

# 第二节 小龙虾疾病预防技术

小龙虾疾病防控的原则是“以养代防”，养殖全过程都要把虾的健康放在首位，确保底质、水质、投入品（料、肥、药、菌、草、藻）及虾苗的健康。可以从以下几个方面考虑来预防小龙虾疾病的发生。

## 一 养殖季节

小龙虾喜爱中低温(25℃以下)环境,因此小龙虾养殖的适宜季节在9月中旬到翌年5月中旬。对于长江中下游地区来说,5月10日—9月10日不是适宜养殖小龙虾的季节。

## 二 养殖密度

虽然小龙虾的养殖密度受很多因素的影响，但是小龙虾不适合进行高密度养殖。一般情况下,水温宜在15℃以下,稻虾密度每亩不超过1万尾(平均规格为2克/尾),存田虾生物量不超过20千克;水温在15~20℃,稻虾密度每亩不超过5 000尾(平均规格为10克/尾),存田虾生物量不超过50千克；水温在20~25℃，稻虾密度每亩不超过5 000尾（平均规格为20克/尾),存田虾生物量不超过100千克;水温在25~30℃,稻虾密度每亩不超过3 000尾(平均规格为20克/尾),存田虾生物量不超过60千克。

## 三 养殖生态管理

稻虾生态构建中,沉水青苔、沉水性水草(伊乐藻、菹草)、藻类、细菌、挺水性水草等均是良好生态的奠基者。

水温在15℃以下,青苔是主角,是氧气的主要制造者;营养物质转化主要由有益微生物来承担,所以苗种期要经常投喂发酵饲料;低温肥水,不是培养藻类,而是通过细菌和酵母菌作为轮虫、枝角类等浮游动物的饲料,而浮游动物是小龙虾虾苗最好的天然饲料;沉水性水草一般占田面的10%~15%。

水温在15~20℃时,保持伊乐藻占田面的15%~20%,每2周水体施用1次生物肥以培肥水体。

水温在20~25℃时,保持伊乐藻占田面的20%~40%,每1周水体泼洒1次益生菌制剂来调节水质。

水温在25℃以上时，需要人工控草，保持伊乐藻占田面的40%~50%，每1周水体泼洒1~2次益生菌制剂来调节水质。

## 四 机械增氧

在小龙虾疾病防控方面，物理方法第一、生物方法其次、化学方法最末。微孔推水增氧，是较为有效和经济的疾病预防方法。

小龙虾养殖过程中出现的很多底质不良、水质恶化及病害问题，都与缺氧或养殖池昼夜供氧不平衡有关。因此，小龙虾养殖过程中的机械增氧是技术升级的必然。微孔推水增氧，一般功率为3千瓦的机械（投入为0.8万~1万元）可负荷40~80亩田，每亩增加投入在150~200元。使用机械增氧后，可以促成溶解氧高、饲料系数低、病害少、蜕壳快、出虾早、大虾多、虾的品相好。

小龙虾田或虾塘的机械增氧除微孔推水增氧外，还有喷水增氧、水车式增氧机增氧等方式。

## 五 投喂管理

确保小龙虾饲料的充足投喂和均匀投喂且无剩料坏水，是保证小龙虾健康的基础。舍得投喂、投喂好料、均匀投喂、肠肝保健、鳃壳强化，是小龙虾养殖成功的关键。除水温低于5℃的越冬期外，小龙虾从见苗开始到上市，要坚持调水、肥水和投喂。水温在20℃以下，以培肥水体为主，投料为辅；水温在20℃以上，应以投料为主，调节水质为辅。按月份及气候来调整投喂量。

1—2月，水温低于5℃时，可不投喂。如果水温在5℃以上，且有虾苗活动，要培肥水体并少量投喂高品质的小龙虾饲料或豆浆。

3月初，开始正常投喂，日投饲率为1%。

4—6月，投喂小龙虾配合颗粒饲料、发酵豆粕、黄豆、玉米，日投饲率为2%~4%。

7—8月，环形沟内可适当少量投喂黄豆和玉米，日投饲率为2%~4%。

9月份，主要投喂颗粒饲料、黄豆和玉米，日投饲率为1%~2%。

10—12月，根据稻田虾苗及天气情况，培肥水体，适当投喂颗粒饲料、发酵豆粕、豆浆等。

## 六 底质及水质管理

### 1.外用保健药品

在小龙虾养殖过程中，最常用的外用保健药品有底质改良剂、消毒剂、益生菌等。

（1）氧化型底质改良剂：以过硫酸氢钾类、过氧化氢类、高铁酸钾类为主。一般按养殖面积计算使用量，而不是按水体积计算使用量。

（2）消毒剂：带虾消毒建议不要选择含氯、戊二醛、苯扎溴铵等杀伤力大、刺激性强的消毒剂。建议首选聚维酮碘和复合碘等消毒剂。

（3）稳水补钙：可以选择含钙镁钾磷等矿物质或含微量元素的制剂。

（4）益生菌：芽孢杆菌、EM菌、光合细菌及其他有益复合菌，并适合外用泼洒。

（5）培藻制剂：根据不同水温可以选择定向培养硅藻（水温在20℃以下）和绿藻（水温在25℃以上）的肥水产品和有益藻种。

（6）调色碳源：腐殖酸钠、黄腐酸钾类产品。主要用在低温期调水色和为有益菌补充碳源。

底质改良剂和消毒剂是为益生菌和肥水扫清障碍和消减竞争者的，这将是未来底质改良剂和消毒剂应有的角色，而不是部分教科书上讲的，通过全池泼洒消毒剂来防治水生动物疾病。一定要注意在改底和消毒后及时补菌，以恢复养殖生态。

### 2.不同水温（日期）阶段的调水方案

（1）水温在15℃以下，可以采用“氧化底改+益生菌+肥水”方案。一般为11月20日到翌年3月20日，可以不采取消毒措施。用氧化型底质改良剂改底24小时后，建议使用益生菌，并使用低温或广温益生菌（如中水华峰噬氨菌、宝来利来加强型嗜冷芽孢杆菌“利生素”等）。

（2）水温为15~20℃时，采用“改底+消毒+益生菌+肥水+补钙”方案。一般为3月20日至4月20日，每15~20天为1个周期。第1天上午改底、下午消毒杀菌，第2天使用补益生菌、肥水及补钙产品。

（3）水温在20℃以上时，采用“改底+消毒+益生菌”方案。一般为4月20日至6月20日，每10~15天为1个周期。第1天上午改底、下午消毒杀菌，第2天使用补益生菌、肥水及补钙产品。

**3.内服保健药品**

在小龙虾养殖过程中，每隔7~10天，交替拌料投喂大蒜素、免疫增强剂、乳酸菌、丁酸杆菌等，以促进小龙虾肠道有益微生物菌群平衡，增强小龙虾免疫力，保障小龙虾肝肠健康。在小龙虾苗种投放及遇恶劣天气时，可拌料投喂维生素C等抗应激药品，每次连喂7天。4—6月，是小龙虾的主要生长季节，每隔5~7天，可拌料投喂离子钙1次，每次连喂3~5天，以补充钙质，促进小龙虾的健康生长。

## 第三节　小龙虾主要疾病防治技术

### 一　外伤类疾病

水疱病，主要表现为小龙虾的尾扇或头顶起水疱。发病原因主要包括：捕捞笼具不合适；虾进入笼具后，停留时间过长；虾逃跑时尾扇打击笼具导致擦伤等。

烂鳃和甲壳溃疡，主要表现为虾鳃末梢发黑、溃烂，虾的体表有黑褐色溃疡斑等。发病原因主要包括：水质不良，缺氧导致小龙虾经常性上草上岸，使用刺激性强的药物等。虾多次回田、回塘养殖，也容易引起外伤。

预防建议：采用网目合适的地笼，分田分批轮捕，使虾入笼后停留时间不要过长；保持底质和水质良好，特别要注意防止阴雨天和高温季节的水体缺氧。

外伤类疾病主要采取外消、内服的方法进行治疗。

外消方法：第1天，上午补钙稳水，下午氧化改底；第2天，上午抗应激，下午进行水体消毒（用聚维酮碘等）来促进虾体的创伤愈合。如果病情严重，第4天和第5天，重复前面的操作一次。第6天，补有益菌、碳源和肥水培藻。

内服方法：用1千克饲料拌喂植物精油（如净力安Ⅸ）1克、壳寡糖2克、复合维生素3克，连用7~10天。

## 二 肠炎病

主要表现为空肠、肠壁发蓝，肠道部分节段膨胀，肠壁变薄、坏死。发病原因主要是缺氧、水质不良、应激，在地笼中时间长，以及水中病原菌密度高等引起的细菌感染。

外消方法：同"外伤类疾病"相关内容。

内服方法：①预防药物。中药（可选择黄连解毒微粉、穿梅三黄散等清热解毒中药）或免疫多糖（如壳寡糖、酵母多糖、黄芪多糖等）；也可以定期拌料投喂微生物制剂（如乳酸菌、芽孢杆菌、丁酸梭菌等）进行肠道保健。②治疗药物。如果已经发现少量死虾，先用敏感抗生素+清热解毒中药+维生素投喂5天，然后用植物精油和免疫多糖投喂5天，最后用乳酸菌投喂5天。

## 三 五月瘟

五月瘟的发病原因是水温高、环境不良（缺氧，氨氮和亚硝酸氮含量高）、细菌和病毒感染。防控措施有以下几种。

（1）6—9月，加强虾沟中的亲本虾培育，为产秋苗和早苗做准备。

（2）10—12月，强化培水和投料，标大苗；翌年3—6月，强化投喂，加大捕捞强度（20克以上的虾及时上市销售），减少养殖密度。

（3）3—4月，加强改底调水。强化换水和增氧，维护好水草，防止异常温度，减少虾的应激反应，增强虾的抵抗力。

（4）消毒，控制病毒传播。4月10日以后，每隔7~10天用复合碘溶液（活性碘1.8%~2%，磷酸16%~18%，水产用）消毒1次。

（5）内服药物，提高虾的免疫力。4月10日至7月10日。每10天1轮，每轮连续5天投喂抗病毒套餐。将含抗病毒中草药（如板蓝根、大黄、鱼腥草等）用开水浸泡后，再加应激康、肝肠泰、大补100等（各药品的用法用量参见产品说明书）拌料投喂。

# 附录 小龙虾捕捞技术要点

及时捕捞商品虾上市是养殖户取得经济效益的关键一环。广大养殖户养殖的小龙虾达到商品规格及时捕捞上市，有利于降低养殖密度，促进存量小龙虾生长，提高养殖的总体产量和成虾规格。

## 一 地笼的选择

目前市场主要有无节地笼和有节地笼两种：无节地笼长度多为3~5米，网目尺寸为0.6厘米左右，适合捕捞虾苗，主要用于沿埂设网捕虾；有节地笼长度多为5~20米不等，网目尺寸为2.0~4.0厘米，主要用于捕捞大规格虾苗和商品虾。还可以制作双层网，在疏眼网上套设一层密眼网，从而实现一网两用：套上密眼网可以捕捞虾苗；拆除密眼网，可以捕大留小，主要用于在稻田中间设网捕虾。

## 二 捕捞时间

3月份放养的规格为160~200尾/千克的虾苗，养殖30~35天后可以设置地笼捕捞上市；4—5月放养的虾苗，养殖20~30天可以设置地笼捕捞上市。如果放养虾苗规格较小，需要延长养殖时间。若每个地笼每天捕捞商品虾在2.5千克以上，必须抓紧捕捞，降低养殖密度；当捕捞量低于0.5千克时，可以停捕一周，并强化投喂，调节水质，再进行捕捞。3—6月，需要强化捕捞强度，及时将可以上市的商品虾捕捞上市，防止进入7月份后小龙虾性腺发育和气温升高，导致小龙虾穴居、觅食活动减少，增加捕捞难度。

## 三 捕捞注意事项

### 1.设置地笼方法

地笼多在傍晚设置，早晨起地笼，收获商品虾。地笼至少要有一个网头露出水面，以防止小龙虾长期闷在水中，因缺氧造成大量死亡；部分养殖户为了减少设置地笼的劳动量，捕捞期一直将地笼放在水中，可以在傍晚检查小龙虾上笼率，若地笼中虾较多，需要及时将小龙虾取出销售，防止夜间缺氧，造成虾大量死亡。

### 2.减少投喂量

小龙虾贪食而且不喜欢活动，所以一旦小龙虾吃饱之后，就不喜欢四处活动，喜欢栖息在水草中，不利于小龙虾进入地笼。因此在捕捞期间，可以适当减少投喂量或者停止投喂，让小龙虾处于饥饿状态，可以刺激小龙虾四处觅食，加大活动量，间接增加了小龙虾钻进地笼的概率，从而提高捕捞量。

### 3.水位刺激

小龙虾对水位变化很敏感，而且具有趋水性，所以可以通过降低或提高水位来刺激小龙虾活动，以刺激小龙虾进入地笼的概率，提高捕捞量。在养殖结束前，可逐渐将水位降至虾沟，并多设地笼，减少小龙虾的活动空间，增加捕捞量。

### 4.地笼的选择

在4月份，由于要捕捞大量虾苗，所以养殖户主要选择小网眼地笼，以捕捞虾苗为主；进入5月份之后，捕捞的对象主要是成虾，主要采用大网眼地笼，并捕大留小，轮捕上市，逐渐减少小龙虾养殖密度，促进剩余的小龙虾快速生长，从而提高养殖产量和经济效益。